碳中和

技术变革与产业应用

伦嘉云　郑开宇　黄郁娟◎编著

中国铁道出版社有限公司
CHINA RAILWAY PUBLISHING HOUSE CO., LTD.

图书在版编目（CIP）数据

碳中和：技术变革与产业应用 / 伦嘉云 , 郑开宇 , 黄郁娟
编著 . — 北京：中国铁道出版社有限公司 , 2024.3
ISBN 978-7-113-30782-0

Ⅰ . ①碳…　Ⅱ . ①伦…②郑…③黄…　Ⅲ . ①二氧化碳 -
节能减排 - 研究 - 中国　Ⅳ . ① X511

中国国家版本馆 CIP 数据核字（2023）第 242319 号

书　　名：碳中和——技术变革与产业应用
　　　　　TANZHONGHE : JISHU BIANGE YU CHANYE YINGYONG
作　　者：伦嘉云　郑开宇　黄郁娟

责任编辑：奚　源　　　　　　　　　　编辑部电话：(010) 51873005
封面设计：刘　莎
责任校对：安海燕
责任印制：赵星辰

出版发行：中国铁道出版社有限公司（100054，北京市西城区右安门西街 8 号）
网　　址：http:// www.tdpress.com
印　　刷：三河市宏盛印务有限公司
版　　次：2024 年 3 月第 1 版　2024 年 3 月第 1 次印刷
开　　本：710 mm×1 000 mm　1/16　印张：12.5　字数：156 千
书　　号：ISBN 978-7-113-30782-0
定　　价：68.00 元

前　言

当前，随着我国碳中和工作的推进，碳中和已经成为社会的热门话题。很多企业都在思考碳中和将怎样影响自己所在的行业、自己需要如何应对。同时，越来越多的个体参与到碳中和行动中，为实现碳中和这一目标贡献自己的力量。事实上，碳中和目标的实现离不开政府、企业、个人三方的共同努力，其带来的是一场深刻的社会革命。

那么，碳中和战略的推进将怎样影响社会发展，企业与个人该如何应对、如何参与，本书以碳中和革命为切入点，对碳中和相关内容进行详细讲述。

本书分为碳中和引发全球发展新变局、碳中和落地带来多产业应用上下两篇。

上篇对碳中和进行概述，包括碳中和的概念及背景、碳中和全球博弈、碳中和发展路径、碳中和未来发展趋势等，以便读者对碳中和有一个整体、全面的认知。

下篇从多个领域出发，详细拆解碳中和带来的社会创新和多产业应用。碳中和战略的实行，不仅能够推动加快生活方式绿色化，影响人们生活的方方面面，还能够推动加速交通、城市、能源、制造、农业、金融、建筑等领域的绿色转型，实现整个社会的绿色发展。

例如，在能源领域，在碳中和目标的引领下，能源行业将实现绿色转型，太阳能、风能等清洁能源的应用范围将进一步扩大，并在配电端接入电网，重塑电力系统。未来，人们可以通过自家房顶上的太阳能板、小型风机等设备发电，成为能源的生产者。

　　再如，在交通领域，碳中和战略将推动电动汽车的使用和发展。同时，人工智能、大数据、无人驾驶等技术的结合，将创造汽车行业新业态。

　　无论是企业还是个人，都有必要关注碳中和的发展现状和未来前景。只有这样，大家才能看到碳中和带来的革命性变化，才能有针对性地应对其带来的挑战并抓住新时代下的发展机遇。把握碳中和发展趋势，抓住行业转型的机遇，企业才能够在竞争激烈的市场中立于不败之地。

作　者
2024 年 1 月

目　录

上篇　碳中和引发全球发展新变局

下篇 碳中和落地带来多产业应用

上 篇

碳中和引发全球发展新变局

第一章

概念解读：碳中和就在我们身边

低碳时代已经到来，实现碳中和这一目标，已成为全球共识。我国坚持走碳中和道路，既是经济发展的需要，也迎合了全球可持续发展的大趋势。碳中和就在我们每个人身边，给我们的生活带来很多新变化。

第一节 拆解碳中和

当前，新能源项目纷纷落地，绿色低碳技术的推广、应用不断加强，我国低碳转型迈出坚实的步伐。实现碳中和目标，是贯彻新发展理念、实现高质量发展的必然要求。对于碳中和，我们需要了解其概念和背景。

一、概念解析：碳中和的定义

2020年9月，我国宣布争取在2030年二氧化碳排放达到峰值、在2060年实现碳中和。碳中和由此成为热议话题。

那么，什么是碳中和？"碳"指的是二氧化碳，"中和"指的是做到正负相抵。企业、个人等排出的二氧化碳通过各种节能减排行为抵消，就实现了碳中和。碳中和可以通过以下两种方式实现：

1. 通过有效的方式减少二氧化碳排放

这种方式就是通过有效的碳消除措施减少二氧化碳排放，其中，常用的一种方式是碳补偿。碳补偿指的是个人或企业向二氧化碳减排单位提供资金，用来抵消自己的二氧化碳排放量。通过这种方式，个人或企业可以计算自己的二氧化碳排放量和抵消这些碳排放所需要的成本，然后付款给专门的减排单位，由它们通过各种环保项目抵消企业排放的二氧化碳。除了碳补偿外，一些从大气中移除或封存二氧化碳的项目也可以有效去除二氧化碳。

2. 通过改变能源来源、工业生产流程等减少碳排放

这方面，使用再生能源，如核能、太阳能等，可以减少二氧化碳的排放。可再生能源和不可再生能源都会产生碳排放，但和化石燃料这种不可再生能源相比，可再生能源产生的碳排放量很少。

此外，碳排放交易可以促使企业优化工业生产流程，减少二氧化碳的排放。碳排放交易即国家或企业向其他国家或机构支付款项，用以换取碳排放权，这样一来在成本压力下，不少企业都会积极优化工业生产流程，减少二氧化碳的排放。

自碳中和目标被提出后，就成为很多企业发展的重要方针，改变能源结构、优化工业生产流程以实现节能减排，成为企业发展的重要方向。

二、时代背景：气候变化使碳中和成为目标

为什么要提出碳中和的目标？这要从气候变化讲起。气候变化是一个全球性的问题，目前全球气温持续上升、北极海冰覆盖范围和面积不断减小、极端天气增多等气候问题越来越凸显。在这种情况下，178个国家经过讨论签署了应对全球气候变化的公约——《巴黎协定》。

《巴黎协定》提出，到21世纪末，将全球气温上升幅度控制在2℃以内，同时为全球气温上升幅度控制在1.5℃以内付出努力。此外，《巴黎协定》还统筹安排2020年后各国应对气候变化的行动。《巴黎协定》成为全球治理气候变化问题的里程碑。

联合国政府间气候变化专门委员会（IPCC，Intergovernmental Panel on Climate Change）发布的《IPCC全球升温1.5℃特别报告》指出，如果要实现《巴黎协定》定下的2℃目标，则全球需要在2070年实现碳中和。而如果要实现1.5℃的目标，则全球需要在2050年实现碳中和。

同时，联合国环境规划署发布的《2020年排放差距报告》指出，要实现《巴黎协定》提出的温控目标，则各国除了完成承诺的二氧化碳减排量外，还需要减少更多的二氧化碳排放量，因此，各国需要制定更进一步的目标。在这样的背景下，我国提出了碳中和这一目标。

我国气候条件复杂，是气候变化敏感区。实现碳中和目标，有利于我国防范灾害性气候风险，降低气候变化造成的损失。同时，在实现碳中和的道路上，非化石能源将得到进一步的应用，化石能源占主导的时代将落幕。届时，人们将呼吸到更加清新、干净的空气，生活方式也将更加低碳化、绿色化。

三、双碳目标：碳达峰和碳中和

碳达峰指的是二氧化碳排放量达到峰值后，将会在一定范围内波动一段时间，随后进入拐点，之后便会平稳下降。碳达峰是和碳中和目标一起提出来的碳减排目标，与碳中和目标并称为"双碳"目标。

二者有什么关系？碳达峰是实现碳中和的必要条件，只有先实现碳达峰，才能够进一步实现碳中和。实现碳达峰的时间、峰值水平等，对实现碳中和的难度具有深刻影响。实现碳达峰的时间越早，峰值水平越低，实现碳中和的难度就越小，实现碳中和所需要付出的成本也越低。从碳达峰到碳中和的时间越长，减排压力越小。

碳达峰和碳中和联系十分紧密，本质都是实现低碳转型。实现碳达峰和碳中和"双碳"目标对社会发展具有重要意义。

从社会高质量发展角度来看，我国传统产业占比较高，新兴产业、高新技术产业尚未发展成为经济增长的重要力量，传统产业的现代化转型任务繁重。持续推进"双碳"目标，推进低碳产业发展，有利于形成绿色经济新动能，为社会高质量发展提供强大动力。

从生态文明建设的角度来看，降碳是生态文明建设的主要方向，是推动生态环境改善的重要手段。在"双碳"目标推进的过程中，节能减排、发展清洁能源等能够推动绿色低碳生产生活方式形成，推动生态文明建设取得新突破。

从能源安全的角度来看，随着经济的发展，能源消耗量不断增加，而"双碳"目标的实现能够加快构建现代能源体系，满足经济发展对能源的需求，提高能源供应的安全性和可持续性。

"双碳"目标是经过论证的科学的目标，它不仅切实可行，还能够推动技术的进步，带来新产业、新投资、新能源等新的发展方式，推动社会经济发展和生态文明建设。

第二节　碳中和的经济学思考

碳中和与经济发展密切相关，我们需要了解碳中和背后的经济原理。除了要理解碳定价这一概念之外，我们还要树立正确的观念，即碳中和可以与经济发展共赢。

一、低碳经济：实现经济可持续发展

低碳经济指的是以可持续发展理念为指导，以技术创新、新能源开发等为手段的一种经济发展模式，这种经济发展模式可以减少煤炭、石油等高耗能资源的使用，减少二氧化碳排放，从而实现环境保护。

要想实现低碳经济，一方面，要实现工业方面的碳减排，如鼓励工业企业提高资源和能源利用率、使用清洁能源等；另一方面，要实现消费端的碳减排，如鼓励人们绿色出行、使用绿色低碳产品等。

为了鼓励更多人参与低碳建设，多地推出了垃圾分类、新能源汽车补贴等引导政策，激励人们自发履行低碳行为，并通过绿色消费宣传从价值观方面引导人们转变思想，让更多人认可低碳发展的模式，并为之贡献自己的力量。

低碳建设过程中存在一些难题，如排放主体多样化、排放种类多元、排放频率密集等，并且，很多人日常生活中的低碳行为很难被记录，也难以得到激励，因此，建立对人们的低碳行为进行量化记录并激励的碳普惠减排机制十分重要。

碳普惠减排机制可以对企业、社区、个人的低碳行为进行量化记录，并据此进行激励。例如，做出低碳行为的企业可以获得一定的商业激励、政策鼓励等；做出低碳行为的个人将获得平台折算的绿色积分以及专属碳账本，并能够使用积分兑换商品或折扣等。这能够对企业、个人的行为进行引导。

2022年1月，《促进绿色消费实施方案》发布。《促进绿色消费实施方案》中表示，将支持各地搭建绿色消费积分制度，鼓励企业积极参与碳普惠平台建设。在政策指引的基础上，企业成为建立健全碳普惠减排机制的重要推动力。

企业需要积极推进碳普惠平台的搭建，连接多样化的使用场景，充分发挥碳普惠机制的激励作用。同时，企业也要积极拓展碳账户的应用渠道，实现多平台的数据互通，这能够避免用户低碳行为重复计算的问题，还能够构建完善的低碳商业网络。数据整合不仅有利于企业创新产品，还能够为用户提供更加便捷的低碳消费服务，提升用户持续做出低碳行为的意愿。

二、共赢：碳中和驱动经济高质量发展

一些人认为，碳中和将阻碍经济发展，这种想法不正确，实现碳中和与经济发展并不矛盾，两者可以实现共赢，具体体现在以下几个方面：

首先，碳中和只对工业、能源、交通等部分低效、高耗能的行业进行限制。传统高耗能、高排放行业将迫于巨大的成本压力而进行行业结构优化，实现绿色转型。而对于现代服务业、高新技术产业等新兴产业来说，碳中和将给它们带来巨大的发展机遇。

其次，从短期来看，碳中和对经济发展有一定的负面影响，例如，为了响应碳中和的号召，企业需要投入巨额资金进行工艺升级、流程更新、设备改造等，导致利润下滑；同时，企业也需要牺牲部分经济活动。但从长期来看，低碳转型有利于经济可持续发展。碳中和将推动我国经济发展模式从资源依赖型向绿色经济型转变，从而实现经济可持续发展。

再次，碳中和的推进可以提供大量就业机会，并提高就业质量。碳中和是一个潜力巨大的产业，这个产业的兴起将提供很多优质的就业岗位。以可再生能源领域为例，相较于石化燃料领域的工作岗位，可再生能源领域的工作岗位对从业人员更加友好；同时，随着这一领域的发展，将产生巨大的可再生能源就业缺口，提升就业数量和就业质量。

同时，碳排放权交易市场的不断完善提供了新的就业方向。目前，我国已经在北京、上海等地开展了碳排放权交易试点，全国碳排放权交易市场已经启动线上交易，这带来了大量的就业岗位，如碳排放权交易员、碳排放额度评估师等，这将提升我国的就业数量和就业质量。

最后，碳中和目标的推进将加速能源供应的转型升级，催生新的经济增长点。以电力供应为例，风力发电、光伏发电等是碳中和目标下主要的电力供应方式，但这些方式具有一定的季节性，要想实现充足的电

力供应，就需要搭建配套的基础设施。

一方面，清洁能源发电的储能十分重要，未来，储能设备的投资和建设将成为新的市场需求；另一方面，发电和输电的智能化将成为趋势，基于此，智能电网、高压输电设备的投资具有广阔前景。

碳排放量高的钢铁、化工等行业在践行碳中和目标的过程中，将进行技术优化、设备改造等，这将助力传统产业打造新的经济增长点。技术的进步不仅能够吸引新的投资，还能够提高企业的产值水平。

此外，新能源、新材料等产业的加速发展将驱动经济增长，电动汽车、生物燃料等行业将吸引更多投资。

总之，碳中和目标的推进可以带来新的就业岗位，驱动企业降本增效，催生新的经济增长点，碳中和与经济发展可以实现共赢。

第三节　碳中和发展的挑战与机遇

当前，碳中和的发展既面临诸多挑战，也存在不少机遇。从整体来看，碳中和面临资金、社会、国际合作等方面的挑战，实现碳中和目标之路充满曲折，但是，随着碳中和相关技术的进步，碳中和的目标终将实现。

一、挑战：资金挑战＋社会挑战＋国际合作挑战

实现碳中和任重道远，道阻且长。从整体来看，碳中和的发展主要面临三大挑战。

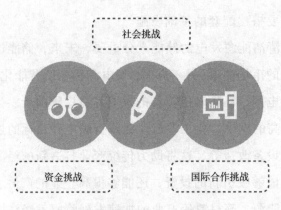

碳中和面临的三大挑战

1. 资金挑战

实现碳中和、推进碳减排需要在能源、基础设施等方面进行大规模投资。国际可再生能源机构预测，要想实现《巴黎协定》提出的升温低于 2 ℃的目标，就需要加大对可再生能源的投资，投资额需要从当前的 3 000 亿美元增加到 8 000 亿美元左右。同时，欧盟 2019 年公布的《绿色协议》表示，要在未来 10 年筹集 1 万亿欧元，用于绿色投资；英国表示，到 2050 年实现净零排放的目标，政府需要每年支出 500 亿英镑。这些都表明，实现碳中和需要强大的资金支持。资金缺口成为推进碳中和目标的主要障碍。

资金挑战主要表现在两个方面：一方面，发电、钢铁等高排放行业属于重资本行业，其固定资产投入巨大且使用寿命长，如果完全淘汰这些资产，就会产生巨大的沉没成本；另一方面，当前的能源转型方向还不明朗，氢能源、光伏能源等新能源的发展都需要完善的基础设施，投资缺口巨大，一旦能源转型方向调整，则此前的许多投资都会成为沉没成本。同时，化石能源在当前依旧具有很强的竞争优势，能源低碳转型需要巨大的成本。

2. 社会挑战

碳中和是一项长期且艰巨的任务，也是一项巨大的社会工程，涉及社会中的诸多行业和部门，这意味着碳中和面对很大的社会挑战，政府在这个过程中将发挥重要作用。除了完善各种碳中和规划外，政府也需要积极回应碳中和目标推进过程中的各种争议，避免引发社会矛盾。

3. 国际合作挑战

虽然各国自主制定自己的碳中和目标，但实现碳中和离不开国际合作。国际合作面临不小的挑战，例如，一些发达国家对碳中和的支持力度较大，而一些发展中国家，受经济发展水平、社会环境等因素的影响，对碳中和的支持力度较小。同时，国际合作也存在一些争议，如发展阶段不同、经济运行机制不同的国家，碳价是否不同？在这种情况下，"一刀切"的合作标准可能会阻碍一些发展中国家的发展，国际合作面临挑战。

总之，碳中和的实现并不是一蹴而就的，需要在循序渐进中逐渐探索应对各种挑战的方案。碳中和的实现需要基于政策、市场、技术等作出科学的设计和决策。

二、机遇：先进技术已经有所应用

虽然实现碳中和之路面临诸多挑战，但其前景是光明的，技术的进步将为碳中和的实现奠定坚实的基础。目前，一些碳中和相关的先进技术已经出现并有所应用。

2023 年 2 月，"第二届中国数字碳中和高峰论坛"在成都召开。会上介绍了数字碳中和成果"碳减排数字账本"，以及利用数字技术带动人们碳减排，普及绿色生活方式所取得的成绩。

"碳减排数字账本"怎样助力碳减排？"碳减排数字账本"与每个人的生活密切相关。例如，人们骑共享单车上班，骑行结束后，自己的"碳减排数字账本"中就会增加相应克数的碳减排量；新能源汽车的车主为汽车充电 60 千瓦·时，自己的"碳减排数字账本"中也会获得相应千克数的碳减排量。人们的绿色出行方式、选择"无须餐具"的绿色餐饮方式等都会贡献一定的碳减排量，而这些碳减排量都会记录在每个人的"碳减排数字账本"中。

人们日常生活中的碳减排量可能并不多，但加起来就能够产生庞大的碳减排量。同时，"碳减排数字账本"能够促使人们从细微之处改变碳排放习惯，推动生态环境的改善。

作为一个绿色生活减碳计量底层平台，"碳减排数字账本"凭借互联网、大数据等技术连接多个场景，能够实现人们衣、食、住、行多个场景绿色行为减排数据的互联互通，形成服务于政府、企业、个人的数字碳账本。"碳减排数字账本"能够以便捷的方式带动更多人参与到减排行动中来，为各地政府搭建碳普惠平台提供支持。目前，"碳减排数字账本"已于山西、四川等地落地应用。

技术进步是实现碳中和的关键驱动力，为碳中和的实现提供了机遇。当前，先进的数字技术与碳中和目标已经实现融合发展。未来，随着技术的迭代，碳中和应用成果将越来越多，碳中和的整体进程将不断加快。

三、奕碳科技：数字化以低碳赋能企业发展

碳中和发展的过程既有挑战也有机遇。要在低碳时代获得更好的发展，企业唯有勇于迎接挑战，先人一步进行低碳、数字化转型。在这个过程中，寻找专业、可靠的战略合作伙伴十分重要。奕碳科技能够为企

业提供全方位的碳中和数字化服务，助力企业顺利实现碳中和目标及碳管理数字化转型，有效提高企业在低碳时代的核心竞争力。

奕碳科技是一家专注于赋能企业进行绿色低碳转型、为企业客户提供全方位碳管理服务的科技公司，其创造性地将涉及"双碳"的业务流程，如碳排放计算、碳减排、碳资产等数字化、平台化，方便企业客户以友好、经济的方式获得与"双碳"相关的业务能力。奕碳科技帮助企业制定"双碳"策略，为企业建立和经营碳资产管理体系提供标准化的数字化产品与区分化的碳管理服务。

无论是组织层面的碳管理，还是产品层面的碳管理，企业都可以借助奕碳科技提供的一站式碳服务平台完成。同时，奕碳科技也积极通过供应链、价值链纽带，连接上下游，连接碳排放企业和减碳技术方，打造一个互通互联的碳的产业互联网。

奕碳科技总部位于上海，设有产品研发中心、碳管理服务中心、销售团队、运营团队，其核心团队来自拜耳化学、壳牌等多家知名公司，拥有互联网、碳核查、能源、化工行业的丰富从业经验。奕碳科技研发的核心碳管理系统"碳探"已通过 SGS（Societe Generale de Surveillance，通用公证行）国际权威认证，其计算逻辑、计算模型以及企业定制化建模技术、系统生成的碳排放数据等均符合 ISO（International Organization for Standardization，国际标准化组织）14064 国际标准，其产品碳足迹的计算完全遵循国际通用的 ISO 14067 逻辑，可提供"从摇篮到大门"和"从摇篮到坟墓"的产品生命周期碳足迹计算。

奕碳科技已获十余项自主知识产权认证，其前沿技术应用于自己开发的数字化碳管理系统"碳探"、产品碳足迹与计算因子数据库"气候树"，以及相关的数据链接、存证、追溯等方面。

从奕碳科技在数字化"双碳"赛道中的发展经验来看，企业"双碳"转型的痛点有以下几个：

（1）企业自身的碳数据如何精确盘查？

（2）企业管理层如何能快速、实时地获取来自各部门的碳数据，并及时采取措施？

（3）在计算产品碳足迹时，由于涉及复杂的上游供应链，往往耗时数月，效果、效率却欠佳。

（4）企业的碳数据如何能通过第三方的核查？如何参与碳市场交易？

（5）怎样制定企业的碳战略，保证企业的核心竞争力在碳市场中得到提升？

（6）什么样的碳减排方案最适合本企业？

针对企业的以上痛点，奕碳科技提出了企业碳中和"五边形"战略。

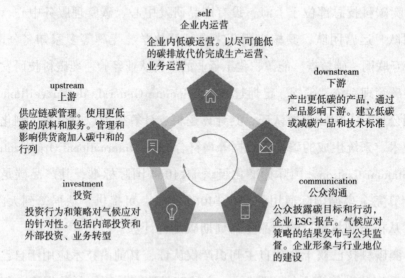

企业碳中和五边形战略

同时，奕碳科技以自身技术优势为依托，为企业客户提供全生命周期的碳中和服务，主要包括以下几个方面：

（1）"碳探"数字化碳管理系统：为企业定制的碳管理系统。

（2）减碳项目量化推荐：基于数据提供专业的减排建议和量化评估。

（3）碳资产开发与运维：基于减排和可开发的碳资产，提供全程运维服务。

（4）产品标准认证建立：零碳产品、低碳产品碳足迹的计算、设计及发布。

（5）企业 ESG（environmental，环境；social，社会；governance，治理）报告：基于实际资料的年度企业 ESG 报告（环境行动部分）。

如上所述，奕碳科技正在以全方位、流程化的碳中和服务，为企业客户的碳中和数字化转型提供全流程指导和技术能力支持，帮助企业扫清碳中和数字化转型中的重重阻碍。

第四节　厘清三大认知陷阱

当前，很多人对碳中和的认知有一定的局限，因此也存在一些关于碳中和的认知陷阱，我们需要仔细分辨这些陷阱，对碳中和树立正确的认知。

一、"碳中和是国家议题，与个人无关"

很多人认为碳中和是一个国家议题，是一个国家级的环保行动，与人们的日常生活无关，事实上，这种想法是错误的。碳中和将引领一场深刻的社会变革，人们的日常生活、就业环境、产业转型等各方面都会受到碳中和的影响，身处社会中的公众也会受到影响。

而从碳中和目标实现的角度来看，碳中和目标的实现不仅需要政府、企业的努力，还需要个人的参与和支持，每个人都要从自己做起践行低碳生活。那么，我们应该如何为碳中和目标的实现贡献自己的力量？

（1）在绿色出行方面，我们可以通过共享单车、公交车、地铁、驾驶电动汽车等方式出行，这样既能够缓解交通拥堵问题，也能够减轻环境压力。

（2）在办公方面，我们可以选择绿色、环保的办公文具，养成节约纸张的习惯，或者选择无纸化办公。

（3）在居家生活中，我们可以尽量减少使用一次性餐具；选择节能电器，安装家庭分布式光伏设备；在装修房屋时选择环保建材等。

（4）在日常活动中，我们可以积极参加植树造林活动，或者通过"蚂蚁森林"等活动参与植树造林。

总之，碳中和目标的实现需要公众参与，在日常生活的方方面面践行低碳生活。全民参与、践行碳减排，可以加速碳中和目标的实现。

二、解读碳中和过于片面

很多人在解读碳中和时，只从能源角度进行谈论，认为只要将交通、工业等高耗能领域改造好，就能够实现碳中和，这样片面地解读碳中和，会使人们陷入误区。

碳中和不仅可以从能源角度进行讲述，也可以从气象环保、化工科技、社会实践等多角度谈论。

从气象环保角度来看，我们需要思考：每年到底会排放多少二氧化碳？这些二氧化碳是从哪里排放出来的？当前的植被可以吸收多少二氧化碳？此外，我们还需要计算不同地区、不同行业的二氧化碳排放量，通过植树造林、企业节能减排等措施减少了多少二氧化碳等。

从化工科技的角度来看，二氧化碳通过转化可以成为一种资源。通过化学催化工艺，二氧化碳可以转化为有用的化学品。例如，二氧化碳可以作为化工新材料，用于制造锂二氧化碳电池。二氧化碳的应用是一个值得重视的低碳、新能源产业。

从社会实践的角度来看，实现碳中和离不开政府、企业、个人三方的参与。政府需要做好完善的碳中和目标规划，统筹推进碳中和各项工作安排；需要普及碳中和、低碳生活的相关知识，进行全民教育，树立全民低碳生活的意识。企业需要紧跟政策号召，进行生产流程低碳改造、搭建内部碳管理机制、参与碳排放交易等。个人需要身体力行从衣、食、住、行各方面践行低碳生活，为碳中和的实现提供助力。

三、过度依赖碳抵消方式

碳抵消指的是从大气中去除二氧化碳或避免碳排放以抵消其他地方的碳排放。企业可以通过植树造林、投资可再生能源等多种碳补偿手段实现碳抵消。在碳中和目标的引领下，越来越多的企业将碳抵消作为实现碳中和的重要手段，但这并不意味着企业可以过度依赖碳抵消方式进行生产经营。

要想实现碳中和，企业就必须减轻对碳抵消方式的依赖，同时在能源结构上进行深度调整。企业需要逐渐减少化石能源的使用，尽量使用可再生能源。为此，企业需要聚焦核心业务，加大低碳技术的研发力度，设计完善的低碳转型解决方案。

不同行业可以通过不同技术实现节能减排。例如，电力行业可以通过可再生能源探索新的发电技术；钢铁、水泥等行业可以探索工业电气化，大力发展二氧化碳捕集封存技术等。企业需要聚焦碳减排这一关键问题，致力于实现碳中和。

想要实现碳中和这一目标，企业需要搭建完善的碳中和体系，聚焦关键点，明确解决问题的方法。除了加大节能减排相关技术研发力度外，企业还需要做好以下几个方面：

1. 明确自身的碳减排责任，提高碳减排的自觉性

企业需要了解相关国际标准和政策要求，明确自身的碳减排责任。在此基础上，企业需要提高自觉性，将碳减排作为企业需要应对的重要课题，积极承担碳减排责任。在安排好企业内部碳减排工作的同时，企业还需要积极推进行业上下游企业共同减排，助推整个行业实现碳中和。

2. 激发企业内部碳减排动力

为了推进企业内部的碳减排目标，企业需要优化管理方式，将碳减排纳入考核指标，建立相应的激励约束机制，从技术研发、产品设计、企业运营等多个方面进行碳减排相关的绩效考核工作，调动员工参与碳减排的积极性，提升碳减排的效果。

3. 完善碳排放信息披露制度

企业要意识到进行碳排放信息披露的必要性，系统地对气候变化之下的机遇和风险进行分析。在进行碳排放信息披露时，企业需要遵循相关政策，保证信息的合规性、真实性和及时性。同时，企业也可以在内部搭建碳排放信息披露监督系统，完善碳排放信息披露的监督机制。

通过以上手段，企业能够明确碳中和工作的整体框架，把握工作落实的关键点，实现低碳、高质量发展。

第二章

全球博弈："奇招"频出助力碳中和

目前，全球极端自然灾害频发，减少碳排放量、改善自然环境刻不容缓。全球各国积极推进碳中和目标实现，例如，中国、美国、英国和日本等国家都制定了相关措施，"奇招"频出助力碳中和。

第一节　国外碳中和相关措施

在气候问题日益严重的形势下，各国纷纷提出碳中和目标。下面聚焦美国、英国、日本在碳中和方面的探索，讲解这些国家采取的碳中和相关措施。

一、美国：制定温室气体减排行动

针对全球气温不断上升这一问题，美国发布了首个温室气体减排计划，以减少温室气体排放量，创造新的优势，实现可持续发展。

美国的温室气体减排行动涉及许多方面，例如，通过部署分布式清洁能源发电，提高有关设施抵抗极端天气的能力和网络的稳定性；减少装置能源的使用，减少运营能源的损失，减少非二氧化碳的排放量；减少各类活动的温室气体排放量；加强技术创新，使用高新技术。

此外，美国还提出了汽车碳减排提案，对汽车的碳排放量进行限制，大幅降低温室气体排放量，这一提案意味着电动汽车将备受推崇，抢占大量市场份额，也意味着内燃机时代将被颠覆，美国汽车行业的格局将重新洗牌。

汽车碳减排提案有些激进，引起了多方的不满，这一提案仅考虑了碳排放问题，没有考虑电动汽车在产业体系、供应链体系、技术积累和消费等领域与传统汽车行业融合的问题。推行新能源汽车会对传统汽车行业造成冲击，尤其是老牌燃油车企业，因为这会使燃油车的销量大幅下跌，工人会面临失业的问题。这一提案距离真正落地还有很长的路要走，因为面临来自市场、产业等多个方面的阻力。

总之，推行碳中和并不是一件容易的事情，需要政府、企业和个人的共同努力。

二、英国：大力推动"绿色工业革命"

英国采取低碳措施的时间相对较早，早在 2008 年就颁布了《气候变化法》，以法律形式明确了中长期减排目标。2019 年，英国新修订的《气候变化法》正式生效，该法以 2050 年实现温室气体净零排放为努力方向，即实现碳中和目标。随后，英国还推出了"绿色工业革命"10 项计划，分别是海上风能、氢能、核能、电动汽车、公共交通、骑行和步行、Jet Zero（喷气飞机零排放）理事会和绿色航运、住宅和公共建筑、碳捕获、自然和创新金融。

为了达到目标，英国政府十分努力，尤其是在汽车方面。英国大力推进新一代核能研发并加速推广电动汽车。英国汽车产业制造的电动汽车已占据欧洲非常可观的一部分市场，世界最受欢迎的电动汽车车型之一来自英国。为了符合严格的零排放标准，英国计划 2030 年起停止售卖以汽油和柴油为动力的汽车，使英国的工业朝着可持续、绿色的方向发展。

为了快速推进该项计划，英国将会投入大量资金用于在路边设置电动汽车充电桩，以便于用户为自己的电动汽车充电；为购买电动汽车的用户提供补贴，降低其购买成本，并鼓励更多用户购入电动汽车。未来，英国还将投入大量资金用于电动汽车电池的研发与生产。

以汽车行业为依托，英国朝着二氧化碳净零排放的目标不断前进。未来，英国将不断推进减排计划，在此过程中创造大量的就业机会将会解决一些社会问题，助推经济发展。

三、日本：专注碳中和技术研发

为了应对全球气温不断升高这一问题，日本计划在 2050 年实现温室气体零排放，完全实现碳中和。为了实现碳中和，日本给许多相关产业制定了绿色发展战略，并专注于碳中和技术研发。

以钢铁为代表的金属、水泥、纸张等材料是用户生活中必不可少的重要物资，企业可以使用技术手段使这些材料朝着轻量化的方向演进，以实现节能环保与节约资源。材料生产加工过程中会排放大量二氧化碳，尤其是钢铁业的二氧化碳排放量相对较高，因此需要对钢铁生产工艺进行根本性变革。为了能够在 2050 年实现碳中和的目标，日本加大在创新型金属材料、创新型冶炼技术、资源有效利用等方面的研发力度和研发投入，以如期实现碳中和。

创新型金属材料能够助力汽车、船舶和飞机等产业实现碳中和。例如，企业应该使用轻量化、强韧化的金属材料，这种材料可以有效提高能效，推动运输机械轻量化。为了实现产品脱碳化，企业应该加大对创新型金属材料的开发与供给力度，降低运输机械的燃料消耗。例如，企业可以研发具有超高强度的钢板，使运输机械在保持竞争力的同时进一步实现轻量化。

除了加快推进创新型金属材料研发，企业还需要实现资源的有效利用。日本的矿产资源匮乏，需要依存外界，为了实现金属资源的稳定供应，必须提高国内废金属料的循环利用水平，以节约资源。

日本致力于实现资源循环利用和产品长寿化，这样能有效降低二氧化碳的排放量，实现产品脱碳化，并降低资源的制约性。例如，在汽车制造中，轻量化材料铝的作用很大，因此，铝的需求将会大幅增加。预计到 2050 年，铝材料的市场份额将会显著增加。一些日本企业计划将废铝材料进行循环使用，使得铝材料的资源循环利用率得到提高。

在钢铁材料方面，一些高等级材料需要经过高炉、转炉等长流程工艺，对此，一些日本企业研发出杂质去除技术，实现了由长流程向短流程的工艺转变，实现了钢铁材料的循环利用。

日本专注于进行资源节约方面的研发，以有效减少二氧化碳排放量，达成碳中和的目标。

第二节　国内碳中和相关措施

为了实现碳中和，我国采取了许多措施，例如，将减污、降碳结合，将碳中和纳入生态文明建设中，推出全新的职业——碳排放管理员。

一、减污降碳齐发力

面对日益恶劣的生态环境，我国积极推进碳中和相关工作，将相关政策落到实处。我国不断深入研究，减污、降碳齐发力，以建设美好生态。

为了改善环境，我国建设大型风电光伏基地，大力发展光伏项目，利用光伏治沙实现新能源与生态融合发展，减少温室气体的排放。

光伏治沙能够增加沙漠绿化，实现节能减排，这主要体现在以下三个方面：一是在沙漠种植绿林能够防风固沙、改善气候；二是光伏板可以遮阴，降低水汽蒸发量，有利于植物的生长；三是光伏发电作为绿色能源，能够有效减少传统化石能源的使用量和碳排放量。

在减污、降碳方面，我国在多方面发力。在钢铁行业，企业使用风力发电和太阳能发电产生的氢气代替焦炭炼钢；在公共交通方面，使用氢燃料电池公交车；在农业方面，将水稻改成旱作稻，有效减少农业甲烷的排放量；在垃圾处理方面，许多大宗工业废料能够通过综合利用的方式进行消耗等。

我国降碳、减排的布局逐步完善，许多企业通过技术手段增强了自身的行业竞争力，为碳中和的发展提供了可推广的宝贵经验，与其他企业实现共同发展。

为了应对全球气候变化，许多国家都开展了碳中和行动。我国在实现碳中和方面积极探索，积累了许多经验。

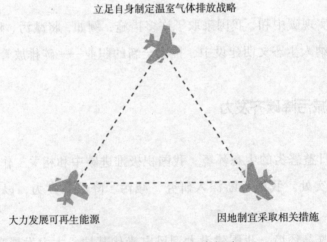

我国发展碳中和的三个经验

（1）立足自身制定温室气体排放战略。碳中和是一个复杂的、长期的工程，我国立足自身发展规律和发展现状，制定温室气体排放战略，逐步减少温室气体排放量。

（2）因地制宜采取相关措施。工业区应该在保护生态的前提下，大力发展经济；生态区要充分发挥其在碳汇建设方面的作用。

（3）大力发展可再生能源。企业应该有计划地开展可再生能源的利用、开发工作，实现有效的节能减排。

总之，碳中和对企业的发展来说，既是机遇也是挑战，企业需要抓住时代发展趋势，转变思想，迈出坚实的步伐，建立健全绿色低碳环保体系。

二、将碳中和纳入生态文明建设

碳中和对我国有重要意义，是一场广泛而深刻的社会变革。碳中和能够解决资源短缺、环境恶化的问题，有利于构建人类命运共同体。我国将碳中和纳入生态文明建设中，凸显了碳中和的重大意义。

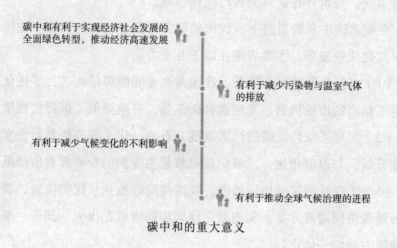

碳中和有利于实现经济社会发展的全面绿色转型，推动经济高速发展

有利于减少污染物与温室气体的排放

有利于减少气候变化的不利影响

有利于推动全球气候治理的进程

碳中和的重大意义

（1）碳中和有利于实现经济社会发展的全面绿色转型，推动经济高速发展。我国积极推进碳中和工作，能够颠覆传统生产模式，减少工业

生产中的资源消耗和二氧化碳排放量，实现产业结构、能源结构和交通运输结构的低碳化，建立绿色低碳循环发展经济体系。

（2）有利于减少污染物与温室气体的排放。化石能源的燃烧将会产生许多二氧化碳和常规污染物，许多影响我国生态环境的问题都是由产业结构引起的，我国拥有许多高碳能源产业，因此，想要实现碳中和，应该从源头开始进行减排，减污与降碳同时进行。

（3）有利于减少气候变化的不利影响。气候变化给全球带来了不利影响，如温度急速升高、冰山融化造成海平面上升等，而实现碳中和，能够减少极端天气出现的次数，减少自然灾害给人们造成的生命和经济损失，提升生态系统的稳定性。

（4）有利于推动全球气候治理的进程。气候与全人类息息相关，世界各国应该携手治理，共同面对。我国将碳中和纳入生态文明建设中，推动 2030 年二氧化碳排放量达到峰值、2060 年实现碳中和的"双碳"目标实现，与世界各国共同进行气候治理。

在探索碳中和的道路上，我国的努力得到了应有的回报。我国应对气候变化成效显著，主要表现在以下几个方面：

（1）碳排放强度有所降低。我国对产业和能源结构进行了优化，并制定了相应的市场机制、实现森林碳汇等，有效降低了碳排放强度。

（2）实现了绿色低碳的快速发展。石油、化工等高耗能行业实现了转型升级，与以前相比，二氧化碳排放量与煤炭消费量都有所降低。

（3）实现减污降碳协同增效。我国将降碳放在了优先位置，制定了减污降碳协同增效方案，实现减污降碳协同增效在谋划、部署、推进和考核等方面的一体化。

总之，为了人类生活的安全与健康，我国努力切实做好碳中和工作。在不懈的努力下，我国将在未来实现碳中和整体目标。

三、公布新职业——碳排放管理员

为了对碳排放量进行控制,解决气候变化问题,一个全新的职业——碳排放管理员诞生。碳排放管理员需要按时对碳排放数据进行检测、记录和报告,并采取相应的碳减排措施。碳排放管理员的任职要求高,需要理论与实践相结合,对碳排放数据进行正确的检测与报告,制定合适的碳减排措施。

一名合格的碳排放管理员需要具备以下能力:一是需要熟悉环境保护和碳减排政策、标准和法律;二是需要拥有强大的数据分析能力和管理能力;三是掌握环保与碳减排知识,了解常用的碳减排技术;四是具有强大的沟通与协调能力,能够与各个部门展开合作。

降低温室气体排放量,积极应对气候变化已经成为各国的共识。碳排放管理员能够在碳排放管理、交易等活动中发挥作用,为我国减少碳排放量、实现碳中和的目标作出贡献。

第三节　企业布局:多企业进入碳中和赛道

在实现碳中和的过程中,企业是重要的参与者。企业进军碳中和已经成为趋势,晨光文具、伊利、远景动力、华硕等,都是其中的翘楚。

一、晨光文具:以碳中和开辟文具行业新赛道

在碳中和的浪潮下,不少企业纷纷入局,探索碳中和产品,晨光文

具就是其中的杰出代表。2023 年 2 月，晨光文具召开新品发布会，正式推出国内首款碳中和文具。

此次发布的碳中和文具为"环保记"系列文具，包括中性笔、笔盒、笔筒等多款文具。该系列文具由晨光文具与美团携手推出，获得了碳核算机构的碳中和认证；该系列文具设计简洁，由回收塑料再生制作而成，体现了低碳的理念。

在"双碳"战略的指引下，低碳、环保成为文具行业发展的大趋势，文具品牌的变革逐步推进。晨光文具推出碳中和文具，就是践行碳中和的一次积极尝试。

在发展过程中，晨光文具不仅重视技术创新，还十分重视可持续生产及发展。2022 年 7 月，晨光文具加入"全球可持续消费倡议"，承诺"引领行业可持续发展，做有温度的好文具，到 2025 年实现关键原材料可持续选择"。而此次发布碳中和文具，正是兑现此前承诺的重要举措。

在文具产品生产制造的过程中，原材料的碳排放量较大，找到成本可控的低碳材料，是碳中和文具生产的基础。而外卖行业的餐盒垃圾成为环境污染的重要污染源，能否将其他行业的问题转化为自己行业的解决方案成为晨光文具思考的重要问题。

基于这一设想，晨光文具开始与美团共同讨论让外卖餐盒变废为宝的办法，让回收的餐盒产生更大价值。在双方的合作下，一个包括废弃餐盒回收、转化为 PP 再生塑料原料、再融入晨光文具生产环节产出低碳文具的链路被打通。

晨光文具积极进行关键技术突破，为碳中和文具的研发奠定了基础。在生产过程中，晨光文具进行了大量的技术攻关，他们基于不同回收塑料的特性，对产品设计、生产工艺等进行了多次调整，最终在减碳的同时保证了产品质量。同时，晨光文具还通过光伏发电的方式实现生产过程的碳减排。最终，该系列产品完成了全生命周期的碳足迹核算，并通过购买生物质发电项目产生的 CER（certified emission reduction，经核证的减排量）实现碳抵消，从而实现了产品生产的碳中和。

在生产端，晨光文具通过各种手段实现碳减排。而在消费端，晨光文具以低碳环保为营销主题，增强消费者的环保意识。在碳中和文具新闻发布会中，晨光文具通过广告宣传、产品展示、互动体验等形式，向消费者宣传碳中和、低碳消费方式，让消费者了解碳中和文具的节能减排作用。

推出碳中和文具是晨光文具探索碳中和的一个重要实践。未来，晨光文具将在原材料替代、低碳生产、供应链管理等方面持续探索，寻求更多低碳方案，实现更加广泛的可持续发展。

二、伊利：全方位打造绿色发展路径

实现"双碳"目标，是各界的共同责任，也是各行业龙头企业应有的担当。在食品制造行业，伊利通过创新管理、创新技术、培育人才等，助推企业绿色转型，为"双碳"目标的实现提供助力。

1. 创新管理

实现"双碳"目标是一个长期的过程，企业通过探索新的管理模式，能够实现多方面的可持续发展。当前，伊利已经将"双碳"理念融入企业战略中，以完善组织建设，实现全链路减碳。

在组织管理方面，伊利成立了"董事会战略与可持续发展委员会"，以统筹企业的低碳发展；同时，伊利还与战略合作伙伴共同成立了"零碳联盟"，以强化组织力量。在目标管理方面，伊利发布了"零碳未来计划"和"零碳未来计划路线图"，表示将在 2050 年前实现全产业链碳中和。在实践管理方面，伊利聚焦牧场建设、工厂生产、终端消费等多个环节，创新管理模式，搭建绿色产业链。

2. 创新技术

伊利积极推动技术创新与应用，助推行业绿色转型。在上游，伊利升级了"伊利智慧牧场"大数据分析应用平台，将数字化技术与养殖业务相结合，打造智能牧场，减少碳排放。在中游，伊利循环利用技术，提升能源使用效率，以减少生产对环境的影响。当前，伊利已经搭建了零碳工厂，并推出了碳中和牛奶产品。在下游，伊利积极探索低碳包装技术，引领低碳消费。例如，其推出的"无印刷无油墨环保包装"获得世界食品创新奖——"最佳包装设计创新奖"，展示了其技术研发成果。

3. 培育人才

在"双碳"背景下，碳监测、碳核算等相关人才的培养，成为企业实现低碳发展的关键。伊利不断推进产学研合作，为企业培养碳管理人才，并推动行业低碳人才体系建设。

伊利组建了碳管理团队，积极进行碳盘查和碳足迹培训。同时，伊利还打造了供应链能力发展中心，并开设了针对供应链的碳管理培训课，为合作伙伴提供专业培训，帮助合作伙伴培育碳管理人才。

未来，伊利将从更多方面入手，践行绿色低碳的发展理念，为实现"双碳"目标贡献自己的力量。

三、远景动力：打通碳管理多条路径

2023 年 6 月，远景科技集团发布了《2023 零碳行动报告》，展示了自己在碳减排方面的成果。报告显示，远景科技集团在 2022 年实现了运营碳中和的目标，旗下电池科技公司远景动力成为全球最早实现碳中和目标的科技公司之一。

报告显示，2022年，远景动力通过提升能效、使用清洁能源、绿电交易等方式大幅减少了运营层面的碳排放，减排比例达到81.7%。

在能效管理方面，远景动力打造了一套能源管理系统，对生产过程中各种资源的使用进行实时监控，实现了能源使用的动态管理，降低了能源消耗。同时，远景动力的生产工厂已经开始使用风机提供的绿电，光伏项目也在逐渐落地应用中。2022年底，远景动力已经在全球所属工厂中实现了100%使用零碳电力。

对于无法短期削减的运营碳排放，远景动力通过资助碳消除项目的方式，实现了整体运营的碳中和，并获得了英国碳信托认证。

为了加速新能源领域的碳减排进程，远景动力率先推出碳中和储能电池，并获得了权威认证机构 TÜV（德国技术监督协会）颁发的碳中和认证。

通过完善的碳管理系统，远景动力对储能电池进行了全生命周期的碳足迹分析，对原料开采、加工、运输、生产等环节进行了碳排放核算，并生成碳排放报告，其储能电池产品标有"零碳绿码"，可以展示碳足迹数据。由于远景动力在储能电池生产时全部使用绿电，因此其储能电池产生的碳足迹远低于同类产品。

针对碳排放，远景动力推出了供应链碳管理工具，并已经开始试点。第一阶段将针对一些核心供应商进行碳数据收集、核算和管理；第二阶段将会把碳管理工具推广给更多的供应商，以实现精准的碳足迹计算和产品碳足迹溯源，在优化产品碳足迹的同时推动整个行业的低碳转型。

随着碳中和目标的推进，远景动力将在未来携手更多合作伙伴，积极探索更多碳中和实践，为碳中和目标的实现贡献自己的力量。

四、华硕：以碳合作伙伴服务助力碳减排

2023 年 5 月 30 日，"2023 年 Computex"正式开幕。在此次展会上，华硕推出了碳合作伙伴服务，为客户实现碳减排提供助力。客户可以通过购买华硕产品，在碳合作伙伴服务的支持下，抵消使用华硕产品产生的碳排放。

在展会上，华硕展示的产品包括经过碳足迹和碳中和验证的笔记本电脑 ExpertBook B9400、在会上获得"可持续技术特别奖"的华硕破晓 Air 等，其中，华硕破晓 Air 通过了能源之星认证，能够有效减少碳排放。

当前，越来越多的客户对环境保护、减少碳排放、可持续发展等提出了更高的要求。针对这些需求，华硕以碳合作伙伴服务为客户提供端到端的解决方案，抵消其使用华硕产品的碳排放，助力客户实现可持续发展。华硕碳合作伙伴服务与其可持续环保产品为企业实现碳减排提供了一条有效路径。

此外，华硕也展示了完善的商业应用解决方案组合，产品包括笔记本电脑、台式电脑、一体机等，这些产品能够满足用户在诸多工作场景对设备高性能、灵活性等方面的要求。

华硕的这些尝试展示了其绿色低碳、环保的价值观，华硕始终聚焦碳减排为客户提供更优质的服务。

第三章

路径解析：全方位打造碳中和路线图

要想实现碳中和目标，企业就要统筹全局，明确发展路径，其中，以节能减排为目的的减碳、通过改进生产技术与流程实现零碳甚至负碳排放，都是全方位打造碳中和路线图的重要抓手。

第一节　碳中和发展路径之减碳

减碳是实现碳中和的路径之一。减碳并不是单纯地通过减少生产实现减少碳排放，而是通过改进生产工艺、使用新技术等方式提高生产效率，使同样的碳排放实现更多的产出。提高再生资源利用率、打造能源互联网等，都是实现减碳的有效手段。

一、提高再生资源利用率

再生资源指的是在生产和生活中产生的，失去使用价值，经过回收和处理能够重新具有使用价值的各种废弃物，如报废旧金属、废纸等。提高再生资源利用率可以减少资源消耗，助推循环经济发展，为减碳提供新思路。

提高再生资源利用率的方法主要有三种。

1. "互联网+"运营模式，实现再生资源信息共享

运用"互联网+"的模式运营再生资源市场，可以加快信息共享，推动产业一体化、规范化、标准化发展，减少"散、乱、小"的情况。除此之外，信息化也是我国循环经济产业发展的政策要求，对于实现"双碳"目标有着重要意义。

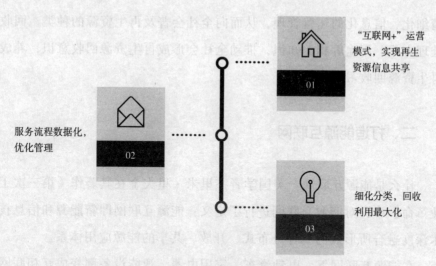

"互联网+"运营模式，实现再生资源信息共享

服务流程数据化，优化管理

细化分类，回收利用最大化

提高再生资源利用率的方法

2. 服务流程数据化，优化管理

再生资源回收流程的数据化，可以将回收标准、回收价格等细化，让整个行业更加透明。另外，通过对大数据进行分析，企业也可以及时发现收购流程出现的问题，从而优化管理。不仅如此，通过手机将回收方与提供方连通，如此便捷的回收方式可以提高全社会对再生资源回收的关注，让更多人参与再生资源回收。

3. 细化分类，回收利用最大化

随着再生资源回收政策逐步完善，我们可以进一步细化分类，深度挖掘"城市矿山"的价值。首先，在线上建立再生资源回收平台，明确再生资源的分类，实现各种再生资源的便捷交易；其次，在线下开设不同种类再生资源的回收点和循环商店，进一步帮助大众了解不同种类再生资源的用途。

再生资源回收不是传统意义上的废品回收，它需要更完善、科学、精细化、信息化的运营管理，从而向全社会普及再生资源的种类、回收处理方式、用途等相关知识，推动全社会形成再生资源回收意识，养成再生资源回收习惯。

二、打造能源互联网

什么是能源互联网？美国学者杰里米·里夫金在其著作《第三次工业革命》中，对能源互联网进行了定义：能源互联网即新能源和信息技术深度融合所形成的一种分布式、开放、共享的能源应用体系。

在能源互联网下，电动汽车、家用电器、智能设备都变成互相联网的一部分，人们的能源消耗、碳排放指标都能以数据的形式被精准衡量；每个家庭都有一个能源管家，能源管家会管理人们的能源账户，并在人们下班回家时自动打开房间的灯。在能源设备智能化程度非常高的前提下，水、电、气、热等能源可以被集中控制，人们也可以灵活地参与能源交易。

1. 发展能源互联网的目标

发展能源互联网的目标可以总结为以下三个：

（1）实现能源市场化。能源互联网可以打破产业壁垒，吸引人们在能源领域创业。能源互联网将为能源交易参与者提供开放平台，连接供需双方，使能源交易更便捷、高效，达到一种多方共赢的效果，为碳中和的实现提供强大助力。

（2）实现能源共享化。有了能源互联网，各类能源的开放互联、调度优化都可以变得更迅速、便捷，这有利于能源的综合开发与共享，可以大幅度提高能源利用率。

（3）实现能源绿色化。能源互联网可以实现各类能源的融合与互补，也可以及时响应市场需求，从而接入和消纳一大批高渗透率的可再生能源，推动能源绿色发展。

2. 能源互联网助力减碳

在碳中和的时代背景下，能源互联网的落地有肥沃的土壤，其可以从以下两方面助力减碳：

（1）能源互联网可以帮助各国应对气候变化。在发展低碳经济的过程中，构建全球化能源互联网是很有必要的。能源互联网可以将安全、低碳的清洁能源整合在一起，使全球电力需求得到充分满足。IEA（International Energy Agency，国际能源署）提供的相关数据显示，预计到 2050 年，清洁能源比例将超过 80%，届时，全球碳排放量将控制在 115 亿吨左右，全球温升将被控制在 2 ℃以内。

（2）能源互联网将催生新型能源交易。从人们开始享受能源服务到现在，能源交易权似乎一直掌握在少数寡头手里，但不得不承认，在经济发展缓慢的情况下，确实只有这些实力强大的寡头可以承担高昂的基础设施建设成本，如变电站建设成本、传输网络建设成本、大量工作人员的人力成本等。

能源互联网出现后，打造分布式能源交易体系的可能性越来越大。有了分布式能源交易体系，只要出现能源交易，智能设备就会及时上报给相关人员，而且借助能源互联网，很多能源都可以被自动控制，从而更好地保持供给与需求之间的平衡。当供给大于需求时，智能设备会将闲置能源提供给储能装置；当需求大于供给时，智能设备会自动借助储能装置中的闲置能源去解决供给不足的问题。这就相当于智能设备直接控制了能源流向和储能装置，能源交易流程被进一步简化。

综上所述，能源互联网能够实现能源的共享和交易，使更多人参与到减碳事业中，助力碳中和的实现。

第二节　碳中和发展路径之零碳

零碳不是不排放二氧化碳，而是通过使用先进技术、植树造林等方式实现碳抵消，达到碳零排放的目标。具体来说，调整产业结构、研发可再生资源、促进能源系统脱碳等都是实现零碳战略的有效手段。

一、调整产业结构，发展低碳产业

要想实现零碳战略，当前对化石能源依赖程度高的传统产业进行产业结构调整是十分有必要的，只有这样，才能够大幅减少碳排放，减轻实现零碳战略的压力。

《中共中央　国务院关于完整准确全面贯彻新发展理念做好碳达峰碳中和工作的意见》（以下简称《意见》）明确了在碳中和目标下调整与优化产业结构的基本路径。

1. 推动产业结构优化升级

《意见》提出要加大第二产业的减碳力度，同时制定能源、钢铁、石化、建材等领域的碳达峰实施方案，加快传统产业转型。除此之外，要以节能降碳为导向，修订产业结构调整指导目录，提高减碳标准。

这一系列措施可以推动低耗能、低排放产业的发展，逐步降低经济增长对碳排放的依赖。同时，加快各产业的数字化转型进程，让互联网、人工智能、绿色制造技术在各产业中落地。

2. 遏制高耗能、高排放项目盲目发展

遏制"两高"项目盲目发展是从增量上控制碳排放的根本举措。盲目发展"两高"项目不仅浪费资金、侵占土地、消耗能源，还将损害行业的可持续发展能力。

《意见》提出要对"两高"项目进行台账管理，实行分类处置和动态监控。对于新建扩建的高耗能、高排放项目，严格落实产能等量或减量置换；对于煤电、石化等项目，要加快出台控制政策；对于未纳入国家规划的新建乙烯、对二甲苯、煤制烯烃等项目，一律禁止。

3. 大力发展绿色低碳产业

加快绿色低碳产业的技术突破和产业转型是碳中和工作的主攻方向之一。首先，加快发展信息技术、生物技术、新能源、高端装备等新兴产业，提高产业链现代化水平。其次，加大太阳能、风能、氢能等新能源技术研发和应用，提高新能源生产比重。再次，加快汽车电动化、智能化进程，推动汽车电池革新，大力发展新能源汽车产业。然后，加大煤炭清洁、高效利用，壮大节能环保低碳产业。最后，推动互联网、大数据、人工智能、5G 等新兴技术与绿色低碳产业的融合，让数字化、智能化、绿色化发挥叠加优势。

二、促进能源系统尽快脱碳

极端天气频发使得各国加快了遏制气候变化的脚步，主要是促进能源系统尽快脱碳和稳定供应。为了保护环境，未来的能源系统将具有脱碳的特点。随着数字技术的不断进步，其可以用来增强供电系统的灵活性，使之能够及时响应电力需求，打造可靠的电力交易系统。许多大型企业深耕能源行业，助力能源行业脱碳，以实现碳中和。

我国"双碳"目标的实现离不开新型能源系统的搭建。新型能源系统需要利用太阳能、水能、风能等可再生能源。

能源行业的数字化和绿色低碳转型需要大型企业的帮助。大型企业往往具有强大的算力，可以以数字平台作为媒介连接供应商与用户。在超强算法的支持下，能源企业的决策水平提升，能够保证能源供应安全，提高可再生能源的比重。

例如，腾讯为港华能源投资有限公司打造"零碳园区"、开发"智慧能源生态平台"提供技术支持，该平台依托物联网，能够将光伏、充电等系统的运行数据汇集在数据系统中，实现对能源数据的智能化管理；该平台还具有能效管理、能源交易和碳交易等应用，能够帮助园区向着"零碳"迈进，打通大型科技企业与能源企业的合作通道。

在资源密集型行业，数字技术也能够帮助企业实现低碳发展。例如，宝武钢铁集团有限公司利用数字孪生技术建立了 3D 产线模型，实现对产线运营状况的监控，提升预警能力，减少故障时间，有效降低碳排放。

未来，能源系统将具备三个全新的特点，分别是脱碳、减需和去中心化。脱碳指的是大力发展低碳技术和提高可再生能源的使用频率，如电动汽车和氢能等。减需指的是能源消耗部门进行节能和能效管理。去中心化指的是借助区块链技术保证能源数据不被篡改，提高能源的安全性与可靠性。

为了打造高效、可靠的能源系统，许多企业持续发展数字技术，利用数字技术助力能源系统脱碳。数字技术可以在以下五个方面帮助能源系统脱碳：

（1）提高供电灵活性。随着 AI 与机器学习的发展，能源企业可以根据自身情况选择合适的运行状态，实现能源的合理调配，减少污染与排放。

（2）提升太阳能和风能发电预测能力。企业可以借助数字孪生技术对太阳能或风力发电厂的实际运行情况进行模拟，及时检测设备异常情况，排除隐患。此外，AI技术还能够准确播报天气预报，优化太阳能和风能的输出。

（3）打造可靠电网。企业通过深度机器学习技术和物联网分析工具，可以使电网更具稳定性、灵活性和智能性。同时，数字技术还能够降低输配电线路损耗和运营成本，增强电网韧性，提高抵御外部风险的能力。

（4）实现高效的电力需求响应。借助数字技术，企业可以根据电网供电的情况增加或减少电力需求。

（5）搭建先进的电力交易系统。电力市场的发展使得电力的供需都大幅增加，借助数字技术，电力交易系统能够高效处理实时数据，对用户的需求进行预测，制定合理的交易策略。

总之，能源领域是实现碳中和的重要领域，低碳发展是实现碳中和的重要基础，企业需要持续赋能能源系统尽快脱碳，实现环境保护。

三、普洛斯：推出一站式零碳解决方案

作为产业集聚地，产业园区是推进零碳战略的重要阵地。除了加快实现自身的零碳运营外，产业园区也要携手客户，共同推进"双碳"目标。

2022年8月，在普洛斯"智慧零碳产业服务开放日"论坛上，现代产业园服务商普洛斯宣布开放零碳科技、产融科技等综合解决方案，助推行业的零碳转型。

在"双碳"背景下，各大产业园区积极采取节能减碳行动，行业转型对绿色低碳解决方案的需求不断提升，在这种情况下，普洛斯开放了聚焦零碳的综合解决方案，为客户的绿色转型赋能。

实现零碳有两大要求：一是优化能源结构，提高绿色能源的使用比例；二是提升能源利用率，实现科学减碳。针对这两方面的需求，普洛斯推出了一站式零碳解决方案，方案依托数字科技，实现了碳中和路径的可视化，提供从策略制定到方案执行的全方位服务，助力园区内客户零碳转型，打造零碳绿色园区。

该一站式零碳解决方案逐步在更多领域落地。目前，普洛斯与多地园区、企业携手，整合技术、服务等多方面的能力，建设零碳工厂、零碳产业园、零碳物流园等。

第三节　碳中和发展路径之负碳

负碳指的是捕集、贮存、利用二氧化碳的技术。实现碳中和，需要通过负排放技术移除并储存二氧化碳。碳移除可以通过两种方式实现：一种是生态碳汇，通过森林、海洋等实现二氧化碳抵消或存储；另一种是通过技术手段，直接从空气中移除碳或进行碳捕集、存储。

一、生态碳汇：重点关注四大类型

"碳汇"（"碳排放权交易制度"的简称）源自100多个国家和地区的代表于1997年在日本京都签订的《京都议定书》。在该议定书生效后，国际碳排放权交易制度逐渐形成。碳汇自出现后，吸引了许多企业的关注。

那么，碳汇究竟是什么？《联合国气候变化框架公约》中对碳汇进行了定义："碳汇是指从大气中清除温室气体、气溶胶或温室气体前体物（能经过化学反应生成温室气体的有机物）的过程、活动或机制。"简单来说，碳汇是森林、草原、海洋、耕地等各载体抵消、吸收并储存碳化合物（尤其是二氧化碳）的过程、活动或机制。

生态碳汇主要包括四种类型。

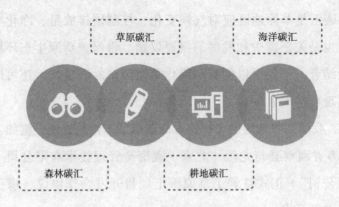

生态碳汇的四种类型

1. 森林碳汇

森林碳汇是指森林吸收并储存二氧化碳的过程、活动或机制，可以体现森林吸收并储存二氧化碳的能力。通常来说，森林碳汇可以通过造林、提升植被覆盖率等方式达到恢复生态的目的，还可以在一定程度上缓和并解决气候变暖问题。

在经济成本方面，森林碳汇的综合成本比较低，相关方案实施起来比较简单，因此，很多国家都将森林碳汇视为改善生态环境、净化空气、应对气候变化、防止或减少向空气中排放有害气体、实现碳中和目标的有效措施。森林碳汇能够推动经济发展，例如，乡村可以通过发展森林碳汇开展生态旅游，更好地实现振兴。

我国很多地区都着手发展森林碳汇。以山东省为例，2022 年 4 月，山东省应对气候变化领导小组办公室发布了《山东省"十四五"应对气候变化规划》，提出未来要推动森林碳汇能力进一步提升，并修复农田、湿地碳汇，同时加快推动海洋碳汇建设，实施增汇行动。

2. 草原碳汇

草原碳汇是草原地区应对气候变化、控制碳排放量、净化空气的重要手段，也是关乎碳中和发展的重要议题。将保护草原生态环境和发展草原碳汇结合，不仅可以创新和优化草原经济发展模式，还可以推动草原地区实现可持续发展。

当前，我国一些地区已经在这方面取得了不错的成绩。例如，2022 年 9 月，青海省刚察县与龙源（北京）碳资产管理技术有限公司（以下简称"龙源公司"）正式签署了草原碳汇项目开发合作协议，携手推动刚察县草原碳汇开发。

刚察县草原资源丰富，而且聚集了濒危物种普氏原羚种群，被称为"中国普氏原羚之乡"。刚察县的草原面积达 72.4 万公顷，占全县总面积的 88% 以上，因此，刚察县有非常突出的草原碳汇优势。为了充分发挥这一优势，刚察县对退化草原进行治理，利用现有草原资源发展草原碳汇。刚察县已经划定了大约 6.4 万公顷草原用于实施草原碳汇项目。经过专业人士评估，该项目每年可以产生 9 万吨左右碳汇量，这是一个不小的数字。

刚察县与龙源公司合作，共同打造了青海湖北岸首个草原碳汇项目，这意味着刚察县在解决草原退化问题、推动草原碳汇增效等方面取得了很大进展。该项目不仅可以为刚察县带来一定的收入，倒逼刚察县加大草原资源监管力度，持续发展草原特色经济，还可以帮助青海湖北岸实现草原生态效益、经济效益、社会效益的"三赢"。

3. 耕地碳汇

耕地生态系统是一个规模很大的碳库，也是陆地碳循环的关键组成部分，有一定的碳汇作用。耕地上的作物在生长过程中可以进行光合作用，吸收大气中的二氧化碳，然后这些二氧化碳会以有机质的形式储存在耕地上，从而形成耕地碳汇。耕地碳汇可以有效降低大气中的二氧化碳浓度，改善生态环境。

在开展耕地碳汇相关活动时，以下几种固碳和减碳方法十分常见：

（1）覆盖作物，即在耕地上种植大量作物。这种方法能够使每公顷耕地的固碳量增加0.1~1吨/年，而具体的固碳量与耕地的肥沃程度和耕种、管理模式有关。

（2）农林复合经营。农林复合经营的成本比较高，但因为这一经营模式可以为耕地带来明显好处，所以非常受欢迎。使用农林复合经营，每年将有1~5吨碳被封存在每公顷耕地中，还有一部分碳会储存在树木中，这不仅可以改善农场的微气候，还有利于优化耕地结构，保护耕地健康。

（3）放牧管理。传统农业将牲畜和作物分离开来，不利于氮、磷等元素在生态系统中循环。放牧管理让牲畜重返农场，将牲畜变为减少碳排放量的重要载体，而且放牧管理还可以改善动物健康情况，提高耕地的生产力。尚普咨询提供的相关数据显示，放牧管理每年每公顷耕地能封存3~10吨碳，能很好地降低牲畜对进口饲料的依赖。

4. 海洋碳汇

海洋碳汇即"蓝碳"，主要是指通过海洋活动及海洋生物吸收二氧化碳，并将二氧化碳固定、储存在海洋中的过程、活动和机制。在我国实现碳中和目标的过程中，海洋碳汇有非常重要的作用。

《蓝碳：健康海洋固碳作用的评估报告》首次提出了"蓝碳"这一概念，海洋碳汇由此进入各国视野。因为海洋碳汇在固碳、减碳方面有很大优势，所以我国很多地区的政府和企业都非常重视其发展，并推出了相应的措施。例如，2021 年 12 月，上海市要求统筹推动海洋绿色低碳发展，其中比较重要的一项措施就是鼓励开展海洋碳汇相关活动。

又如，厦门产权交易中心不断完善海洋碳汇交易体系，并在 2021 年7 月设立了我国首个海洋碳汇交易平台。与此同时，厦门产权交易中心还与高等院校合作，携手开发海洋碳汇方案。2022 年 10 月，厦门产权交易中心完成了南日镇云万村和岩下村的海洋碳汇交易。

二、CCUS：碳捕集、利用与封存

CCUS（carbon capture, utilization and storage, 碳捕集、利用与封存）技术是实现二氧化碳减排的关键技术。借助该技术，企业生产过程中产生的二氧化碳能够被捕集并利用，实现减碳甚至负碳。

从流程上来说，CCUS 的技术流程包括以下环节：

CCUS 技术流程的四个环节

1. 碳捕集

碳捕集是将二氧化碳捕集起来的过程，这个过程需要用到一些技术，包括化学吸收技术、物理吸收技术、吸附技术、膜分离技术、深冷分离技术等。

（1）化学吸收技术。借助能与二氧化碳产生化学反应的化学溶剂，再通过相应的技术手段吸收二氧化碳，然后将吸收来的二氧化碳应用到合适的场景中。

（2）物理吸收技术。在加压条件下，借助有机溶剂吸收二氧化碳等酸性气体，将酸性气体与无害气体分离，从而实现减碳效果。

（3）吸附技术。首先借助吸附体和技术手段对二氧化碳进行选择性吸附，然后对二氧化碳进行解吸处理并将其从排放气体中分离出来。目前比较常用的吸附剂有活性氧化铝、铿化合物吸附剂、"分子篮"吸附剂、碳基吸附剂、天然沸石、硅胶等。

（4）膜分离技术。因为薄膜对不同的气体有不同的渗透率，所以只要将渗透率设定好，薄膜就可以轻松捕集到二氧化碳。相关单位可以购置由特定材料制成的，符合二氧化碳渗透率的薄膜来分离二氧化碳，如碳膜、沸石膜、聚酰胺类膜、二氧化硅膜等。

（5）深冷分离技术。通过加压和降温的方式对气体进行液化处理，以实现二氧化碳的分离和捕集。借助该技术捕集到的二氧化碳往往更容易运输和封存，而且也不需要使用化学或物理吸附剂，从而避免了吸附剂腐蚀、耗水多等疑难问题。

2. 碳运输

在 CCUS 技术流程中，碳运输属于中间环节，该环节的关键在于选择合适的碳运输方式。目前比较常用的碳运输方式有管道运输、船舶运输、公路槽车运输、铁路槽车运输。

这些碳运输方式往往适用于不同的场景。管道适合运输大规模的二氧化碳，运输距离通常比较长；船舶适合超长距离运输，而且运输的二氧化碳规模很大；公路槽车适合短距离运输，运输的二氧化碳规模不能太大；铁路槽车适合长距离运输，运输的二氧化碳规模通常不是很大。

3. 碳利用

碳利用是指借助一定的技术手段，对捕集到的二氧化碳进行资源化利用的过程。碳利用是一个亟待突破的技术难点，因为二氧化碳有着不易活化、反应路径复杂等特点，这些特点使其利用过程变得更困难。而要想解决此问题，就要想方设法突破高温、高压环境瓶颈，同时还要找到合适的催化剂。

根据华宝证券的统计数据，在全球范围内，二氧化碳消费量大约是2亿吨/年，这些二氧化碳主要被化肥生产、石油和天然气开采等领域充分利用。详细来说，化肥生产每年大约需要1亿吨二氧化碳作为原料；石油和天然气开采每年需要耗费0.7亿~0.8亿吨二氧化碳。此外，在食品和饮料冷却、水处理等领域，二氧化碳也得到了充分利用。

4. 碳封存

碳封存是把捕集到的二氧化碳注入地下，对二氧化碳进行封存，从而将二氧化碳与大气长期或永久隔绝起来的过程。目前比较常见的碳封存方式有陆上咸水层封存、海底咸水层封存、枯竭油气田封存等，其中，陆上咸水层封存已经实现，其封存的二氧化碳量比较多。

全球知名咨询机构麦肯锡提供的相关数据显示，陆上咸水层的理论封存容量为6万亿~42万亿吨，是CCUS项目总需求量的50~70倍。陆上咸水层封存作为CCUS项目的最佳选择，未来的发展潜力很大，整个碳封存领域也因此获得了非常不错的发展。

CCUS技术目前已经被广泛接纳和推广。联合国政府间气候变化专门委员会、国际可再生能源机构（International Renewable Energy Agency，

IRENA）等权威机构都表示：CCUS技术在应对气候变化、降低碳排放量、实现碳中和目标等方面很有优势。

近年来，生态环境部等多个部门都十分关注CCUS技术，与其相关的政策也越来越完善。与此同时，随着社会的不断进步，科研机构的科研能力和水平大幅提升，CCUS示范项目的数量持续增加，整个CCUS领域呈现良好的发展势头。

第四节　碳中和发展路径之建立碳市场

建立碳市场是实现碳中和的重要路径，其能够实现碳定价，促进各方的碳交易。随着碳市场的运行，碳排放权交易对企业的营收起到了重要影响，刺激更多企业开始进行绿色改造，并积极参与到碳交易中来。

一、建设碳市场的意义

碳市场是利用市场机制促进各行业低碳转型的一项制度创新。我国自2013年开启碳市场试点工作以来，取得了显著成效。2021年，全国统一的碳市场正式启动，首批纳入数千家发电企业。

为什么我国需要碳市场？建设全国碳市场有何意义？

从微观层面来说，以往在控制碳排放方面，我国主要以行政命令为主要手段，缺少市场力量。对于企业而言，其排放二氧化碳产生的社会成本不易核算，也缺少主动减排的积极性。随着全国碳市场的运行，碳排放权交易直接影响企业的收益，企业不得不重视减排这件事，企业更愿意通过优化能源结构降低二氧化碳的排放量。

从宏观层面来说，全国碳市场是实现"双碳"目标的重要工具。全国碳市场在实现"双碳"目标方面的意义主要表现在以下四个方面：

（1）推动高排放行业实现产业结构调整、能源结构优化，实现绿色低碳化。

（2）为碳减排释放价格信号，同时提供经济激励机制，引导资金流向减排潜力大的企业，推动低碳技术创新，从而实现高排放行业的低碳发展。

（3）通过建立全国碳市场抵消机制，促进可再生能源发展，实现区域协调发展，使绿色低碳的生产方式和消费方式得到普及。

（4）全国碳市场为多个行业的绿色低碳发展、实现"双碳"目标提供投融资渠道。

和传统的命令式管理手段相比，全国碳市场这种市场化的管理手段既可以将减排、绿色低碳的责任传达给企业，又能够为企业参与减排提供经济激励机制，可以带动绿色技术的创新和产业投资。

从整体来看，随着全国碳市场的完善，其将覆盖发电、钢铁、石化、造纸、航空等多个高耗能行业，纳入数千家大型碳排放企业，成为控制全国碳排放总量的有效抓手。此外，配额交易形成的碳价将对企业的生产经营和人们的消费行为产生重要影响，推动低碳生产方式、生活方式的普及。

二、两大支撑：碳配额＋碳定价

碳市场的建立离不开碳配额、碳定价两大关键点的支撑，基于这两个关键点，碳市场才能够长久、平稳地运行。

1. 碳配额

碳配额是指经政府部门核定，企业在一定时期内获得的排放温室气体的总量，即纳入碳排放权交易的企业在一定时期内可以排放的二氧化碳的额度。碳配额分配是碳排放权交易中与企业关系十分密切的一个环节。在碳排放权交易中，配额的稀缺性推动市场价格的形成，也决定了企业碳交易的成本。

在分配方法方面，碳配额的分配主要通过以下四种方法实现：

（1）基准线法。基准线即"碳排放强度行业基准值"，是根据技术水平、减排潜力等指标综合确定的、行业内某一生产水平的单位活动排放量，是基准线法的重要依据。基准线法对历史数据要求较高，往往根据企业的活动水平、相关行业基准、年度减排系数、调整系数等要素计算企业的碳配额。

（2）历史排放法。历史排放法是一种不考虑企业的产品和产量，而是依据历史排放值分配碳配额的方法。在具体操作中，往往是以企业过去的碳排放量为依据，确定其未来的碳配额。

（3）历史强度法。历史强度法是指依据企业的产量、历史碳排放强度值、减排系数等确定碳配额的一种方法，该方法介于基准线法和历史排放法之间，是在行业和产品数据缺失的情况下确定碳配额的过渡性方法。

（4）有偿分配法。除了以上三种免费分配碳配额的方法外，有偿分配法也是分配碳配额的常用方法。有偿分配法分为有偿竞买和固定价格出售两种形式。

简单来说，有偿竞买就是政府部门通过竞价的方式，将碳配额出售给出价最高的买方。有偿竞买中的碳配额来源主要为政府部门除免费配额外的配额以及储备配额。固定价格出售即政府部门给部分碳配额制定合适的固定价格并出售给需要的企业。影响定价的因素包括温室气体减排的平均成本、减排目标、社会发展规划等。

当前，各地政府在碳配额方面实行的不是单一分配方式，而是采用混合模式，部分碳配额免费分配，部分配额有偿分配，这样既能够使企业获得相应的碳配额，又能够保证政府部门在碳市场中发挥宏观调控作用。

2. 碳定价

碳定价是碳市场中形成碳交易的关键，也是鼓励企业低碳生产的有效手段。从经济角度来看，碳定价为企业提供了激励措施，让其更关注碳排放的成本，并思考采取什么优化措施实现减排，甚至凭借剩余碳配额出售获得收益。

碳定价的形式主要包括以下三种：

（1）碳税

碳税指的是政府对企业的碳排放行为征税，以提高企业的碳排放成本。企业为了获得更高利润不得不减排，从而减少社会碳排放总量。碳税的具体实现手段包括提高税率、扩大碳税覆盖范围、废除碳税豁免、征收碳关税等。

碳税的优势体现在以下几个方面：一是见效快，可以直接提高碳排放成本，快速挤压企业的利润空间，倒逼其进行生产结构优化、采取各种节能减排措施等，在短时间内实现大幅减排；二是实施成本低，主要依靠现有税收体系实施，不必增加新的配套设施；三是稳定的税率能够形成稳定的碳价格，便于企业制订长期减排计划；四是可以实现收入再分配，政府可以将碳税收入投入新能源技术研发、企业低碳转型项目中，为企业提供助力。

（2）碳排放交易机制

碳排放交易机制是一种新型的国际贸易机制，是为了减少温室气体排放而设立的。《京都议定书》中明确了三种灵活的减排机制：

第一种为排放权贸易机制，即发达国家将其超额完成的减排指标转让给其他没有完成减排义务的发达国家；第二种为联合履约机制，即发达国家之间进行项目合作，转让方扣除部分排放量，转化为减排单位给予投资方；第三种为清洁发展机制，即发达国家以资金和技术与发展中国家进行温室气体减排项目合作，换取项目产生的"核证减排量"，以履行部分减排义务。

除了《京都议定书》规定的以上机制外，还有一种自愿减排机制，即一些企业为履行社会责任，自愿进行减排和碳交易的机制。

碳排放交易机制具备三个优势：一是减排效果明确。在碳排放交易机制下，政府可以直接明确一定时期内碳配额总量，未来的减排效果也更直观。二是可以通过价格手段推动企业减排。除了配额交易外，碳排放交易机制还支持配额期货衍生品交易，提高市场效率。三是促进国家间合作，扩大碳排放市场规模。碳排放交易机制能够实现国家之间的互联互通，形成跨国的碳市场，实现在更大范围内实行碳交易。

（3）碳信用机制

碳信用是一种允许交易的许可证书，信用持有人享有排放温室气体的权利。创建碳信用的目标是减少工业活动中温室气体的排放，以减缓全球变暖的进程。政府设定温室气体排放上限后，对于一些企业来说，立即减排是难以实现的，因此，这些企业可以购买碳信用以遵守排放上限。实现减少温室气体排放的企业往往会获得额外的碳信用额，出售碳信用盈余可用于补贴之后的减排项目。

碳信用机制独立于其他碳定价机制之外。在其他定价机制中，企业履约是义务性的，而碳信用基于自愿原则运作，可以说，碳信用是对自愿减排机制的补充。

三、打造碳市场的四大要素

要想让碳市场吸引更多企业参与交易，并实现平稳运行，就需要对碳市场进行设计，促使其不断完善。怎样才能够搭建一个完善的碳市场？离不开四大要素的参与。

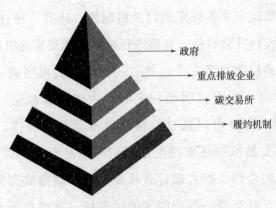

→ 政府
→ 重点排放企业
→ 碳交易所
→ 履约机制

打造碳市场的四大要素

1. 政府

打造全国碳市场离不开政府的支持。碳市场以政府发布的控制碳排放总额的政策为基础进行搭建，政府需要管理碳配额的发放、核查碳排放额等，并出台相应的法律法规。

2. 重点排放企业

打造全国碳市场需要重点排放企业的参与，这些重点排放企业既可以是市场中的买家，也可以是卖家。我国在碳市场上线初期，只纳入了电力这一个行业。而在未来，碳市场的目标是纳入包括钢铁、石化、建材等在内的八大重点排放行业。

3. 碳交易所

在政府和重点排放企业的推动下，碳交易所诞生。碳交易所是碳排放配额交易的核心平台，为不同企业和不同国家进行碳排放权交易提供了一个公平的场所。碳交易所可以开发各种金融产品，如碳中和债券、期货等。当前，我国的碳交易所主要有深圳排放权交易所、北京环境交易所、上海环境能源交易所等。

4. 履约机制

碳市场的稳定运行离不开履约机制。针对企业碳排放不达标的问题，碳市场必须采取强有力的处罚措施，否则，整个市场就会缺乏公信力和约束力。

例如，某电力企业的年排放配额是100万吨，需要被第三方认证机构验证实际的年排放量。如果最终计算出的企业实际排放量为120万吨，那么在履约期内，企业必须通过购买排放配额补足自己的实际排放量，否则，企业将会面临购买价格3~5倍的罚款。此外，对于违反规定的企业，政府也应对其进行相应的行政处罚。

总之，在完善的市场运行机制的作用下，碳市场可以通过市场化的手段和各种金融工具促进企业减排，最终实现"双碳"的总目标。

第四章

趋势预测：碳中和发展态势与前景分析

经过多年的发展，碳中和已经从一个流行概念变为社会的共识，企业和个人纷纷采取减排行动。未来，随着社会各界的共同努力，碳中和战略将变革能源行业，催生新的机遇，建立新的社会秩序。

第一节　未来，碳中和将如何发展

在碳中和战略的引领下，能源领域、高耗能行业、新材料领域、投资领域、生态修复领域等都将迎来新的变革。

一、构建低碳能源体系

能源领域是实现碳中和目标需要重点关注的领域，要想实现碳中和，能源领域的变革是必然的，因此，随着碳中和战略的推进，能源领域将进一步构建以低碳能源为核心的能源体系。

2022年2月，《国家发展改革委　国家能源局关于完善能源绿色低碳转型体制机制和政策措施的意见》（以下简称《意见》）出台，为我国在碳中和背景下建立低碳能源体系指明了方向。

1. 能源供需结合

长期以来，全球能源的供应端和消费端都有各自独立的体系。能源供应端主要关注能源开采、运输、加工转换等方面；而能源消费端主要关注工业生产、城乡建设等方面。随着全球碳中和工作的推进，能源供需一体化成为未来能源变革的新趋势。

《意见》提出"增强能源系统运行和资源配置效率，提高经济社会综合效益"，实现供需两侧能源配置的全局最优。同时强调"绿色能源消费"是十大重点任务之一，这体现了供应端与消费端共同发力、上下游联动的能源转型思路。

2. 推动消费端多用"绿能"

我国的碳排放主要集中在能源活动、工业生产以及废弃物处理三个领域。从消费端来看，想要实现绿色低碳发展，必须提高能源利用效率，使用低碳、零碳能源，从而减少碳排放。

《意见》提出，在工业领域，"鼓励建设绿色用能产业园区和企业，发展工业绿色微电网，支持在自有场所开发利用清洁低碳能源，建设分布式清洁能源和智慧能源系统"；在建筑领域，"完善建筑可再生能源应用标准，鼓励光伏建筑一体化应用，支持利用太阳能、地热能和生物质能等建设可再生能源建筑供能系统"；在交通运输领域，"推行大容量电气化公共交通和电动、氢能、先进生物液体燃料、天然气等清洁能源交通工具，完善充换电、加氢、加气（LNG）站点布局及服务设施"。这些措施为消费端使用绿色能源提供了新思路。

3. 推动消费端供需互动

在碳中和时代，能源供应端与消费端不再是单向流动的关系，而是双向流动。供应端为消费者提供能源，而消费端也能通过改变自身行为，为供应端提供更多支撑，甚至能变身能源生产者，自己生产能源。能源消费端从单向接收转变为供需互动，催生出新的商业模式，具有很大的发展空间。

《意见》提出："推动将需求侧可调节资源纳入电力电量平衡，发挥需求侧资源削峰填谷、促进电力供需平衡和适应新能源电力运行的作用。"这将给钢铁企业、充电桩企业等带来新的发展机遇，为经济发展注入新动能。

4. 推动消费端变革的新举措

《意见》对能源消费端提出了一系列新举措，进一步推动能源消费端加快转型。例如，建立绿色能源消费认证机制、公共机构应当带头使用绿色能源、支持农村能源供应基础设施建设、开展城镇建筑节能改造等，这些政策的制定和实施，将创造更加有利的市场环境，推动能源消费端的发展。

二、碳中和推进高能耗行业加速转型

在碳中和背景下，电力、钢铁、石化等高耗能行业的发展将受到限制。为了推进碳中和战略，高耗能行业有必要加速转型，变革传统发展模式，节能减排。高耗能行业转型主要有三大关键点。

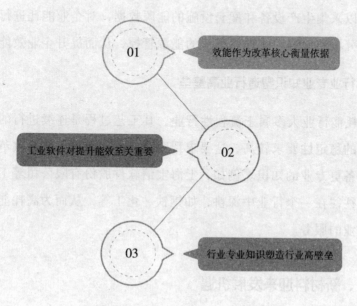

01　效能作为改革核心衡量依据

工业软件对提升能效至关重要　02

03　行业专业知识塑造行业高壁垒

高耗能行业转型的三大关键点

1. 效能作为改革核心衡量依据

国家发展改革委、工业和信息化部、生态环境部、市场监管总局、国家能源局五部门发布的《关于严格能效约束推动重点领域节能降碳的若干意见》以及国家发展改革委等部门发布的《高耗能行业重点领域能效标杆水平和基准水平》中强调了各地要制订淘汰计划,明确改造升级和淘汰时限,将不合理且不能按期改造完毕的高耗能项目淘汰。

这些政策的提出以及对时限的明确要求,表明高耗能行业已经进入以效能为衡量依据的供给侧改革关键时期,企业效能的高低将会决定企业存亡。

2. 工业软件对提升能效至关重要

很多高耗能企业在管理上落后,难以进行能源的管控与分析,从而很难提升效能,而引入生产管控类工业软件则可以解决这个问题。工业软件可以采集生产设备和配套设施的能源数据,对企业能耗进行科学的监测、分析和预测,实现精细化的能源管控,从而提升企业效能。

3. 行业专业知识塑造行业高壁垒

高耗能行业大多属于流程性行业,其工艺过程是连续进行的,对设备性能的稳定性要求较高,这要求帮助高耗能行业进行技术改革的厂商需要具备更专业的知识。例如,上海宝信软件股份有限公司等工业软件生产商往往在一个行业中深耕,如钢铁、化工等,从而为高耗能行业提供更专业的服务。

三、新材料迎来发展机遇

当前,新材料被广泛应用在新能源制造、风电等领域。相较于高能耗、高排放的传统材料，新材料制造过程能耗低、排放少，更有助于碳中和目标的实现。在碳中和战略推进的过程中，具有减碳作用的新材料将迎来发展新机遇，具有更加广阔的应用前景。

1. 新技术与新材料交叉融合，加速创新

随着技术的发展，大数据、数字仿真等技术与新材料交叉融合，加快了新材料创新步伐，各种新思路、新创意、新产品层出不穷，全球新材料产业竞争格局发生重大变化。例如，固体物理技术的突破催生了系列拓扑材料，这种材料具有固体物理材料的核心属性，可以被操纵或变形，从而生产出更智能、更快、更有弹性的电子产品。

除了更多新材料出现，技术与材料的交叉融合也催生了一系列材料设计新方法的出现。例如，利用数据库与大数据等技术，可以更好地把握材料成分、原子排列、环境参数等数据之间的关系，大幅缩短新材料的研发周期，降低研发成本，加速新材料的创新。

2. 绿色化、低碳化、智能化是新材料发展的新趋势

面对日益枯竭的资源以及不断恶化的生态环境，绿色可持续发展几乎已经是人类的共识，绿色化、低碳化、智能化的新材料开始受到空前关注。

随着物联网、人工智能、新型感知技术以及自动化技术的应用，制造技术朝着智能化的方向发展，制造工艺能更加适应制造环境和制造过程，从而实现工艺的自动优化。工艺的优化使下一代制造装备的支撑材料可以朝着高效、高品质、节能环保和安全可靠的方向发展。

3. 新材料技术提升生活质量

随着新材料技术的延伸，很多与人们日常生活相关的新兴产业出

现。例如，质子交换膜燃料电池的出现促进了新能源汽车的发展；生物医用材料降低了重大创伤的病死率，提高了人类的健康水平和生命质量。

四、绿色产业迎来投资机遇

随着碳中和战略的推进，绿色产业逐渐发展壮大，其中潜藏着巨大的投资机遇，绿色投资发展势头强劲。碳中和给整个社会带来一场深刻的变革，具体体现在能源结构、生产方式、消费方式的变革，而绿色投资是这场变革的引擎。

根据中国证券投资基金业协会的定义，绿色投资指的是以促进企业环境绩效、发展绿色产业以及减少环境风险为目标，对能够产生环境效益、降低环境成本与风险的企业或项目进行投资的行为。

与传统产业相比，绿色产业更具投资拉动力。例如，在"双碳"目标下，能源供给和消费方式的变化将催生巨大的投资市场。国际能源署预计，到2030年，全球每年对新能源的投资将增加到4万亿美元。除此之外，我国在清洁能源设备、电动车、智能制造等领域的国际竞争力将进一步提升，而这为绿色投资提供了绝佳的发展机遇。目前，我国资本市场对绿色新能源企业都给出了较高的估值，诞生了一批市值数千亿元的企业，投资人能够获得丰厚的回报。

绿色投资毫无疑问是未来几十年的重要投资主题之一，它贯穿能源供给、制造以及终端消费全产业链。企业可以围绕产业链建立绿色投资生态圈。例如，德同资本在新能源汽车领域投资了一批在产业链中拥有较高话语权的企业，如锂矿企业九岭锂业、汽车芯片制造商赛卓电子、激光雷达企业禾赛科技等，进一步完善企业在新能源汽车领域的布局。

五、生态修复领域创新发展

生态修复指的是以生物修复为基础，通过各种修复技术修复环境污染。进行生态修复时，可以将不同修复手段优化组合，以实现最佳的修复效果和最低的修复损耗。在碳中和背景下，生态修复领域将迎来怎样的发展？

1. 立足自然地理格局，人与自然和谐共生

在"绿水青山就是金山银山"的指引下，我国的生态修复以保护优先、自然恢复为主，尊重自然地理的特性以及经济社会发展规律，提升生态系统的质量和稳定性以及对气候变化的适应性。

2. 规划引领，践行绿色低碳发展理念

我国的生态修复规划主要以"绿色复苏、低碳转型"为理念，严格遵守"三条控制线"，即生态保护红线、耕地和永久基本农田、城镇开发边界，倡导低碳节能产业用地转型、低碳绿色生产生活方式，减少人类活动对自然环境的影响。

3. 自然恢复为主，提升生态系统固碳能力

生态修复要寻找基于自然的解决方案，提升生态系统碳汇、固碳和适应气候等方面的潜力，用自然的力量改善人与自然的关系。例如，我国推行山水林田湖草沙一体化保护修复，对全域土地进行综合性低碳整治，推动荒漠化、石漠化、水土流失综合治理，提升土地的利用率以及固碳能力。

4. 增强生态系统监测评估能力

生态修复还要重视技术手段的使用，攻关退化土地修复、山水林田

湖草系统修复、提升生物多样性等关键技术。例如，建设集遥感、雷达、地面站点于一身的数据监测体系，完善信息共享机制，开展生态系统长期动态监测，科学评估生态修复对碳中和的贡献。

第二节　碳中和目标带来碳管理新任务

在碳中和目标下，越来越多的企业意识到碳管理的重要性，开始关注碳排放核算、环境权益开发等，也有一些企业聚焦客户需求，积极推进碳管理咨询业务。

一、碳核算为减排工作提供依据

碳核算是一种测量企业活动直接和间接排放二氧化碳的措施，指的是企业对碳排放相关数据进行收集、统计、计算的一系列活动。碳核算可以量化碳排放的数据，通过这些数据，企业可以分析企业活动各环节的碳排放情况，有针对性地制定减排措施。碳核算对于碳中和目标的实现具有重要意义。

碳排放的核算方法有三种，分别是排放因子法、质量平衡法、实测法，其中，排放因子法是应用最广泛、最普遍的方法。碳排放有两种核算途径：自上而下和自下而上。自上而下指的是国家和政府层面对碳排放的宏观测量；自下而上指的是下级单位自行核算后，将汇总统计的数据汇报给上级单位，包括企业碳排放的自测与披露、地方向中央汇报碳排放等。

下面具体介绍企业是如何进行碳排放核算的。

第一步：确定企业边界。

企业应以法人为边界，核算边界内所有生产设施产生的温室气体排放，包括直接生产系统、辅助生产系统、职工食堂等。从事多种生产活动的企业还要再细分多个核算单元，便于更加精确地识别碳排放源。

第二步：确定排放源和气体种类。

在确定了核算边界后，第二步就是确定排放源和气体种类。企业的温室气体排放源包括三大范围：

范围 1 指的是在企业实体控制范围内，直接排放的温室气体，包括静止燃烧、移动燃烧或生产过程中产生的温室气体；范围 2 指的是企业自用的外购电力和热力间接排放的温室气体，包括使用电力、蒸气、制冷器等排放的温室气体；范围 3 指的是企业供应链及企业上下游的生产经营活动可能产生的所有温室气体排放，包括原材料采掘、产品运输等。

第三步：收集活动水平数据。

确定排放源和气体种类后，企业需要根据排放源将所涉及的燃料、原料等数据收集起来，形成清晰的文档。

第四步：选择和获取排放因子数据。

企业将数据整理好后，选择合适的与活动水平数据相对应的系数，量化单位活动的温室气体排放量，用于后续计算。排放因子的获取来源分为实测和缺省值。实测指的是企业委托有专业资质的机构检测含碳量、碳氧化率等数据，得到排放因子；缺省值指的是将相关核算指南中列出的常见化石燃料的碳氧化率、含碳量等缺省值作为排放因子。

第五步：计算温室气体排放量。

在数据完整、排放因子选择合理的前提下，企业可以根据《中国化工生产企业温室气体排放核算方法与报告指南（试行）》上给出的计算公式，计算各排放源产生的温室气体排放量，最后汇总得出总的碳排放量。

二、环境权益交易如何实施

环境权益指的是具有减少温室气体排放作用的项目，在经过一系列程序的认证后，可以将温室气体减排量进行量化，形成一种可交易的产品。例如，一个光伏发电项目通过光伏发电减少了 1 吨温室气体排放，这些温室气体经过一系列程序认证后就成了可交易的商品，其他购买该减排商品的企业可以抵消自己的碳排放量。

碳中和的环境权益分为碳信用和绿证。碳信用的单位为吨，1 吨碳信用表示 1 吨碳的减排量，它可以抵消企业的 1 吨碳排放。绿证的单位为张，1 张绿证表示 $1\ MW \cdot h$ 的再生电力属性，它可以让企业申明自己使用的 $1\ MW \cdot h$ 电力为零排放的绿色电力。这两种环境权益根据项目和注册机构的不同又可以分为许多细分品种，具体见下页表格，但是同一个减排项目只允许申请一种环境权益。

三、碳管理成为企业发展新焦点

碳中和的发展为碳管理带来机遇，很多企业通过提供碳管理咨询业务抢占先机。碳管理咨询业务可以帮助企业核算碳排放量、分析碳足迹、制定有针对性的减排方案。

当前，我国已经出现了不少从事碳管理和碳中和咨询业务的企业，其中大部分企业是在"双碳"目标提出之后成立的。另外，一些早已从事碳中和咨询业务的国际企业也在我国市场开辟了新业务。

环境权益细分品种

环境权益	签发机构	属性	其他
CER (Certified Emission Reduction, 核证减排量)	UNFCCC (United Nations Framework Convention on Climate Change, 联合国气候变化框架公约)	温室气体减排量	
CCER (Chinese Certified Emission Reduction, 国家核证自愿减排量)	生态环境部	温室气体减排量	
VCU (Verified Carbon Unit, 可交易的碳信用额)	VERRA	温室气体减排量	自愿减排市场
GS-VER (GS-Verified Emission Reduction, 碳抵消信用)	Gold Standard (黄金标准)	温室气体减排量	自愿减排市场
国内绿证	国家可再生能源信息管理中心	清洁电力	
I-REC (International Renewable Energy Certificate, 国际可再生能源证书)	I-REC Standard (国际可再生能源标准)	清洁电力	
TIGRs (Tradable Instruments for Global Renewables, 全球可再生能源交易指令)	TIGR Registry (全球可再生能源交易登记处)	清洁电力	

气候行动青年联盟发布的《"双碳"人才洞察报告》显示,碳管理咨询业务的人才招聘需求非常大,这反映出众多企业对低碳转型的强烈需求。碳管理咨询业务的范围很广,包括行业研究、政策咨询等,主要面向有控排需求的企业以及开展相关研究的政府机构,为企业制定减碳目标、规划碳中和实现路径,为政府机构规划编制、制定政策以及碳定价机制。

碳信托是一家专业的低碳咨询机构,它在 2007 年参与制定全球第一个产品碳足迹方法标准 PAS(performance assessment system,绩效评估体系)2050。2022 年 1 月,碳信托推出了世界第一个产品碳标签体系,这个体系已经在全球 40 多个国家和地区的 3 万多种产品中得以应用。

碳标签是指将产品碳足迹以标签的形式展示在包装上,让产品碳足迹透明化。产品碳标签有利于展示企业在减碳方面的努力,而且由第三方机构认证的碳标签更具说服力,能够得到消费者的认可。除此之外,碳标签能让低碳成为品牌特色,有利于品牌在国内外市场形成差异化竞争优势,从而提升知名度和竞争力。

随着碳中和目标的持续推进,企业会主动寻求更加科学、有效的低碳转型方案,从而推动碳管理咨询业务向专业化、系统化的方向发展。

第三节　碳中和趋势下的社会发展

在碳中和趋势下,社会将如何发展?政府与企业是推动碳中和目标实现的主力，在碳中和趋势下，政府将发挥指导作用，为碳中和的发展奠定政策和方向基础。企业则需要以碳中和目标为指引，积极进行绿色转型，助力绿色生态构建。

一、政府：实现碳中和的顶层设计

在推进碳中和目标的过程中，政府起着十分关键的作用。碳中和相关政策、制度落地需要政府进行全盘规划，以引导各行业及各企业的低碳转型、绿色发展。具体来说，政府需要做好以下几个方面：

1. 强化顶层设计，发挥制度优势

在实现碳中和方面，我国具有制度优势，政府可以加快立法、完善监测、加强监管，让制度为碳中和保驾护航。首先，我们可以借鉴其他国家的转型经验，设立国家级的碳中和基金，利用专项资金支持低碳转型，避免出现因转型而致贫等社会问题。其次，充分发挥市场在资源配置中的决定性作用，完善全国统一用能权交易市场，建立低碳贡献补偿机制。最后，培育公民的环保意识，面向全社会普及绿色理念，让绿色低碳成为大众的一种生活习惯。

2. 大力推进产业低碳转型

工业生产一直是碳排放的重灾区，因此推进产业低碳转型是实现碳中和的重要工作。首先，政府要加大研发投入，推动低碳技术实现突破，打造核心竞争力；其次，淘汰落后产能，化解过剩产能，严格控制高耗能行业的产能增长；最后，培育孵化新兴产业，如新一代信息技术、新能源、新材料等，逐步实现经济增长和碳排放的脱钩。

3. 构建清洁低碳、安全高效的能源体系

一方面，政府要推进能源体系清洁低碳发展，推动低碳能源代替高碳能源、可再生能源代替化石能源；另一方面，政府要运用物联网、大数据、云计算等技术协调能源供需两侧，打通能源产、供、储、销体系的堵点，提升能源产业链智能化水平。

4. 立足双循环，筑牢低碳发展的经济基础

政府要立足国内国际双循环，发挥超大规模市场优势，筑牢低碳发展的经济基础。首先，立足国内大循环，推动形成低碳饮食、低碳出行、低碳家居、低碳旅游等低碳消费领域，并提高这些领域的产品和服务的供给质量；加快构建低碳产业链集群，形成高度集聚、上下游紧密协同的新产业生态。其次，联通国内市场和国际市场，实现高水平对外开放，加快形成具有全球竞争力的完整产业链，实现国内国际双循环相互促进。

5. 因地制宜，精准推进各区域低碳发展

政府要因地制宜，针对不同地区制定不同的碳中和发展策略。首先，京津冀、长三角、粤港澳大湾区等潜力巨大的地区应加速推进城市空间结构调整，建设国际一流的营商环境，形成创新型低碳区域产业体系和区域创新共同体。其次，东西互济促进中、西部及东北地区的低碳发展，加快地区产业分工与转移融合，实现国内产业链重塑。最后，根据各地区产业结构、能源结构规划碳达峰路线图和时间表。经济发达的地区可以规划率先达峰，从而对发展相对落后的地区起到示范和引领作用。

二、企业：改进生产，减少碳排放

企业是碳排放的主体，也是落实碳减排、实现碳中和目标的主体。要想实现碳中和，企业就需要积极转型，改进生产。

1. 企业在绿色转型方面存在的问题

目前，企业在绿色转型方面存在一些问题，亟待解决。

第一，企业绿色转型动力不足。实现绿色转型需要大量的资金，如果行业企业想按照国家标准排放污水，就需要投入 2 亿 ~3 亿元购买污染物处置设备，然而很多企业无力承担这笔费用。

第二，企业绿色转型模式不清晰。很多企业的绿色转型仅停留在口号上，缺少深入的思考与具体的执行方案，无法保证绿色转型切实落地实施。

第三，企业绿色转型技术能力不足。很多企业在绿色技术创新方面根基薄弱，没有相应的专业人才，数字化技术运用程度也比较低，导致转型困难重重。

2. 企业绿色转型的改进措施

针对以上问题，企业可以从以下三个方面入手改进：

（1）提高绿色转型的主动性。在"双碳"背景下，企业的低碳发展能力决定了企业未来发展的高度，因此，企业要提高绿色转型的主动性，将绿色低碳发展理念融入企业整体战略，完善碳排放监测体系，积极开展绿色标准评价，引导企业内部员工转变观念，营造"绿色文化"氛围，将低碳融入企业运营的各个部门和项目管理的各个环节。

（2）主动探寻适合自身的转型模式。企业要处理好自身与社会、自然环境以及企业内部各部门之间的关系，探寻适合自己的绿色转型模式，实现可持续发展。首先，加强与政府部门的交流，寻求政策支持和法律保障。其次，充分发挥市场的主导优势，与高校、科研院所合作，推进科技成果转化。最后，利用自身优势，改变发展结构，走出一条多元化、可持续的发展道路。

（3）利用数字化赋能绿色转型。根据《关于深化制造业与互联网融合发展的指导意见》《关于深化"互联网＋先进制造业"发展工业互联网的指导意见》等指导性文件，企业利用数字技术在绿色低碳领域形成新的经济增长点成为一大发展趋势。企业要聚焦科技创新，让数字技术赋能企业的绿色制造与管理，从而提升企业绿色低碳生产水平。

三、汽车企业碳管理成为趋势

当前，汽车行业碳排放问题比较突出，相应的，汽车企业进行碳管理成为趋势。汽车行业碳排放现状如下图。

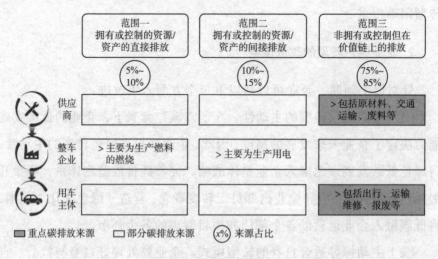

汽车行业碳排放现状

从企业类型来看，范围一、范围二的碳排放主要来自主机厂的生产燃料和生产用电，占行业碳排放的 15%~20%；而供应商和用车主体的碳排放占汽车行业碳排放的 75%~85%，属于用车主体及供应商可控价值链上的排放范围。

因此，供应商减碳及新能源车辆占比提升是汽车行业降碳的关键。与此同时，由于主机厂在价值链上具有较强的主导地位，可通过新能源转型等方式领导行业减碳脱碳。

当前,部分主流汽车品牌已经公布了"双碳"战略目标,具体见下表。

部分主流汽车品牌的"双碳"战略目标

企业名称	碳中和目标	实现路径
大众集团	2025 年，汽车生产和使用阶段碳排放量减少 30%（2015 年为基年） 2030 年，汽车生产和使用阶段碳排放量减少 30%（2018 年为基年） 2050 年，达成全价值链碳中和目标	集团纯电动车型的份额上升到总份额的 50% 目前可再生能源使用比例为 45.6%，后续将提高 实现全价值链可再生能源，如选择绿电作为充电桩电源
戴姆勒集团	1. 乘用车业务 2.2018—2030 年，well-to-wheel（从油井到车轮）碳排放减少 40% 2039 年，实现轿车和厢式车生命周期碳中和 3. 卡车与公共交通业务 2039 年，在欧洲、北美和日本实现碳中和 2050 年，实现所有地区所有产品碳中和	乘用车电动化 商用车使用氢能源 绿色电力与可再生材料应用 打造二手车循环体系
通用汽车	2035 年，范围一、二温室气体排放减少 71.4%，范围三减少 50.4% 2040 年，实现所有产品和公司运营的碳中和	2030 年之前，将美国电动车销量提升到新车销售总份额的 40%~50% 2035 年，全部使用可再生能源

续上表

企业名称	碳中和目标	实现路径
福特汽车	2023 年，范围一、二温室气体排放下降 18%（2017 年为基年） 2035 年，范围一、二温室气体排放下降 76%（2017 年为基年） 2035 年，范围三产品使用阶段温室气体排放下降 50%（2019 年为基年） 2050 年，达成碳中和目标	电动化 生命周期碳减排与可再生能源利用
丰田汽车	2025 年，新车平均二氧化碳排放降低 30% 2030 年，新车平均二氧化碳排放降低 35% 2050 年，新车平均二氧化碳排放降低 90%	HEV（油电混动）车型为主的电动化是丰田中长期实现新车碳减排的重要路径 丰田聚焦新车生命周期碳排放管理，从产品开发至回收全周期 引入成熟的管理工具和管理原则
长安汽车——奕碳战略合作伙伴	根据国家政策（30/60 目标）和自身情况逐步提出	2022 年，已完成两个厂区共 60 兆瓦以上的光伏建造 2023 年 6 月前需要收集转向、座椅、玻璃、轮胎等 12 类部件的碳足迹数据要求，并制订相应的减碳计划

当前，越来越多的汽车企业响应"双碳"战略的号召，积极推进自身的碳管理。在这方面，奕碳科技能够为汽车企业提供完善的碳管理服务。

传统的汽车企业碳管理主要有以下特点：

（1）依赖第三方咨询机构。企业无法直接拥有和管理数据，与第三方咨询机构合作费用高昂。

（2）人工追踪和统计数据。数据真实性、精确性存疑，耗费时间长。

（3）上游数据难获得。集成上游数据困难，不易形成完整碳数据。

（4）一年统计一次。数据不实时，不利于企业作出及时响应和调整。

（5）管理碎片化。与经营数据割裂；除 CSR（corporate social responsibility，企业社会责任）等相关部门外，其他部门难参与。

（6）格式要求烦琐。重复劳动应对国内外不同标准、监管部门的格式要求。

而在奕碳科技的帮助下，"碳探"碳管理系统能够为汽车企业的碳管理提供数字化、专业化、系统化的服务。

（1）数字化：让企业成为碳数据拥有者和管理者；供应链数据收集过程标准化，让统计和分析科学、可信；数字化工具提升效率，降低管理成本；量化数据实时预警，降低风险隐患。

（2）专业化：与 IPCC（Intergovernmental Panel on Climate Change，联合国政府间气候变化专门委员会）、SGS（Societe Generale de Surveillance，通用公证行）及 CQC（China Quality Certification Centre，中国质量认证中心）等权威机构合作研发；核算结果直接对接第三方专业碳排放认证机构进行核证；协助企业制定与国际通行的科学碳目标相一致的减排目标。

（3）系统化：企业涉碳部门深度参与；一站式管理平台；碳数据统计贯穿全生命周期；月度填报 + 实时分析实现动态碳管理；提供智能化评估、预测、优化方案。

例如，某企业对碳排放管理、碳中和及碳市场很有兴趣，但动辄几十万元的咨询和认证费用是一笔不小的支出，奕碳科技能够帮助该企业解决难题。

奕碳科技通过实施"碳探"碳管理系统，对该企业碳排放源进行识别、调查，并引导其月度更新录入数据。3 个月后，该企业已经拥有碳排放基础数据积累，并从系统中得到碳数据报告。基于报告，该企业可以根据目前的碳数据对自身工艺、原材料、排放管理等多项管理点做优化。同时，"碳探"碳管理系统还能够优化模拟计算的结果，比对当地碳普惠政策，从而指导该企业作出低碳投资决策。

下　篇

碳中和落地带来多产业应用

碳中和落地带来多产业应用

第五章

绿色生活：将环保意识融入生活

想要实现碳中和，不仅需要国家层面的努力，还需要企业和每个人的参与。碳中和离不开绿色生活，从个人层面来讲，所有人都需要改变生活习惯，助力碳中和；从企业层面来讲，企业需要低碳经营，将环保意识融入企业发展的各个方面。

第一节　碳中和离不开绿色生活

碳中和与我们每个人息息相关，我们可以通过践行绿色生活的方式，包括减少生活碳的排放、参与共享经济等，为环保事业贡献自己的一份力量。

一、生活碳排放占比高，绿色生活意义大

在全球碳排放量统计中，家庭消费占有很高的比例。我国可以从消费端入手，培养用户的低碳意识与绿色消费行为，减少生活碳排放量，实现绿色生活。

在家庭消费的碳排放中，交通工具、住宅能源等是家庭碳消费的主要来源。相关研究表明，用户群体之间的碳消费和碳排放存在不平等性。例如，高收入用户群体消费的碳排放量总额占比更大，低收入用户群体的碳排放量总额占比更小。

为了推行绿色生活方式，我国应该根据用户的个人特点和消费特征实行激励机制。北京大学光华管理学院打造了碳中和实验室，积极探索符合我国消费者消费特点的碳中和行动方案。为此，碳中和实验室与一个研究机构进行合作，获得了用户的低碳行为数据，并基于用户的个人特点和消费特征对其进行深入了解，形成整体印象，在此基础上探索低碳行为之间的关联以及如何更好地推行低碳行为。例如，当用户意识到绿色出行更环保时，其可能愿意做出更多低碳行为，如将闲置产品在二

手网站出售。

　　碳中和实验室认为，用户的亲社会行为可能会对低碳行为产生影响。例如，在用户进行公益活动，并通过这些活动增强低碳、环保的意识后，用户愿意参与更多低碳消费活动。

　　碳中和实验室研究低碳行为之间、低碳行为和其他亲社会行为之间的关系，试图建立更加有效与有针对性的激励机制，推动用户低碳意识和长期绿色消费行为的养成。

　　总之，碳中和是全球用户共同的责任，最终目标的实现需要多方的参与。用户共同努力，有利于构建人与自然和谐共生的美好未来。

二、共享经济助力绿色生活

　　共享经济是近几年的热门话题。在资源浪费、环境污染情况越发严重的情况下，共享经济应运而生。共享经济作为一种新型经济模式，不仅能够整合碎片化资源，还能够促进低碳消费和可持续发展，助力环保事业发展。常见的共享经济包括共享充电宝、共享单车和共享洗车等。

　　随着经济不断发展，街道的车辆数量不断增加，许多有车的用户需要面临洗车问题，然而，传统洗车方式会产生许多环境与资源方面的问题：一是浪费水资源。清洗一辆汽车往往需要150升以上的水，严重浪费水资源。二是污染环境。洗车的清洗剂中包含苯乙烯，会对河流和地下水造成污染。此外，洗车过程中产生的废水、废液往往会被随意排放，污染环境。

　　为了解决传统洗车方式存在的问题，共享洗车诞生。共享洗车指的是运用共享洗车机对车辆进行清洗。作为一种智能化设备，共享洗车机可以利用高压水枪和特殊清洁离子水对车辆进行清洁，其中，特殊清洁离子水不含任何有害物质，不会对环境造成污染。

共享洗车变革了传统的洗车方式，它能够有效提高洗车效率，降低洗车成本；能够保护环境，具备高效节水、零排放等特点。随着用户环境保护意识不断增强，共享洗车方式将取代传统洗车方式。

共享经济能够整合碎片化资源，提高产品的利用率，提高资源的使用次数，为保护环境作出了极大的贡献。

第二节　改变生活习惯，助力碳中和

碳中和的实现与人们的生活密切相关。在日常生活中，人们可以通过改变生活习惯，践行低碳生活，为碳中和的实现贡献自己的力量。

一、低碳饮食，避免浪费

碳中和不仅与能源、制造等碳排放重点行业关系密切，也与食品行业有关。食品生产、销售、使用、垃圾处理的不同阶段，都会产生温室气体。

一般来说，素食产生的碳排放量在相同的情况下远少于肉食，这是因为动物在生长过程中对食物的利用率较低，并且会排放甲烷类气体。另外，不同种类的肉产生的碳排放量也不同，例如，牛肉和羊肉产生的碳排放量是同重量鸡肉、猪肉的 4 倍。对于成年人来说，纯素食和蛋奶素食食谱产生的人均碳排放量分别是正常杂食食谱的 59% 和 65%。根据相关机构测算，仅通过改善饮食结构就可以在一年中降低碳排放量6 621 万吨。

因此，在保证营养均衡、饮食健康的前提下，人们可以通过多吃蔬菜、适量吃畜禽肉、少吃红肉来减少碳排放量，而且这样的饮食结构更有益于身体健康。有研究表明，此类饮食更能降低患肥胖症和缺血性心脏病的风险。

除了个人习惯的养成和政府的宣传引导外，推动膳食结构改善还要求食品加工工艺及时创新，将素食做出更美味的口感，淡化膳食结构改变给人们的口味带来的不适感。例如，Beyond Meat（素食）致力于制造有肉类产品口感和味道的食物，产品包括人造牛肉、炸鸡、香肠等，广受市场欢迎。

除了调整膳食结构外，杜绝食物浪费也是实现碳中和的重要手段。我国目前消费端食物浪费严重，其中宴请聚餐是"重灾区"。中国社会科学院指出，我国每年在餐饮上的浪费高达 4 000 万~5 000 万吨，相当于粮食生产量的 6.0%~7.5%。

此外，从餐馆规模来看，大型餐馆浪费的食物更多，平均每餐每人浪费 132 克，高出平均水平 93 克。食物的巨大浪费意味着生产这些食物所造成的碳排放都是无端释放，没有对人们的生产生活作出贡献。

因此，我们在日常生活中最容易做到的实现碳中和的方法就是减少浪费，这样不仅可以减少农业养殖产生的碳排放，还可以减少食品腐烂排放的温室气体。

二、改变消费行为，实现绿色消费

随着人们生活水平的提高，消费领域的碳排放也在不断增加，因此，在实现碳中和的过程中，人们需要改变消费行为，践行绿色消费理念。

想要做到绿色消费，人们需要在衣、食、住、行等方面改变自己的消费行为。

1. 衣

我国每年约有 2 600 万吨废旧衣服，重复利用率不足 1%。对此，我们可以通过衣物回收、捐赠、二手交易等方式扩大废旧衣服的利用空间，提升其利用率。

2. 食

每浪费 0.5 千克食物就会排放约 0.5 千克二氧化碳，因此，节约粮食、践行光盘行动是减少碳排放的重要方法。

除此之外，减少外卖包装对于减少碳排放也非常重要。外卖行业的迅速扩张带来了严重的白色污染问题，美团外卖的调研数据表明，外卖餐盒和包装袋 80% 使用的是塑料材质，其中聚丙烯和聚乙烯等材质使用最为广泛。目前，我国对废弃包装袋的回收链路尚不完善，而聚丙烯和聚乙烯等材质的塑料袋在填埋或焚烧过程中会产生大量碳排放，会对环境造成非常严重的污染，因此，我们在日常购物的时候可以重复使用包装袋或少使用一次性用品，多使用耐用品，减少碳排放。

3. 住

低碳城市、绿色家居是大势所趋。我们可以在日常生活中减少对高耗能家电的使用，并且养成随手关灯的好习惯，以节约能源。

4. 行

新能源汽车与共享单车逐渐成为城市街头的"标配"。随着技术的升级和政策支持力度的不断加大，越来越多的人选择购买新能源汽车，这可以大幅减少汽车尾气排放，减少环境污染，有助于改善城市空气质量。除此之外，城市中随处可见的共享单车不仅方便了人们的出行，缓解了交通拥堵的状况，还能够助力碳中和目标实现。

我们改变生活中的一些消费行为，不仅是在支持环保，更是在保护人类共同的未来。

第三节　低碳经营：企业赋能绿色生活

在绿色生活理念的引导下，许多企业进行低碳经营，为碳中和目标的实现作出了许多努力。例如，使用低耗能技术研发产品、在生产环节提效降耗、优化包装和包装再利用等。

一、以低能耗技术研发产品

在践行低碳经营理念、赋能绿色生活方面，许多企业都加大了研发投入，探索以低能耗技术研发产品，通过优化产品设计降低产品的能耗，这种改变在家电行业尤为显著。

例如，美的掌握了制冷等领域的关键核心技术，应用了许多创新型、节能环保型技术，以实现碳中和目标；格力在全国建设了 6 个再生资源基地，业务从上游生产端覆盖到下游回收端，实现了绿色、循环、可持续发展。

想要实现碳中和，家电行业就要应用数字化、5G、人工智能等创新技术，制定更加高效的定制化系统解决方案。例如，空调、冰箱都是耗电"大户"，1 匹传统的家用空调，夏日每天晚间持续开机耗电 7~8 千瓦·时，而可以智能控温的新型空调比传统空调节约一半的电能。可以预见，随着碳中和目标的推进，未来会有更多的人使用智能空调、智能冰箱，低碳家电产品将成为新风尚。不仅如此，随着供暖、制冷、照明、烹饪等实现电气化，更多的节能减排智能家居产品将进入市场，甚至会出现电力自发自用的产品。

格力在绿色家居系统解决方案方面持续发力，其"零碳健康家"计划应用光伏技术推出健康产品，包括能源、空气、健康、安防和光照等系统，帮助消费者打造智能家居。

碳中和目标引导很多企业重塑发展格局，布局绿色智能家居。未来，传统家居可能会逐渐退出历史舞台，兼顾高效节能与健康舒适的绿色智能家居将进入人们的生活，绿色生活将成为现实。

二、在生产环节提效降耗

企业作为实现碳中和的重要主体，应该将低碳行为贯穿在产品生产的每个环节，对此，许多企业纷纷采取脱碳行动，在生产环节实现提效降耗。

例如，为了提高企业效益，实现环境保护，吉林油田结合自身情况对生产环节进行了流程优化和技术改造，实现了降本增效。

吉林油田从实物能源消耗控制入手，确定了 32 项节能重点工作，并明确了对应的责任人，实现了实物能源消耗的管控，电、气和成品油等都实现了降本增效的目标。在旧物回收方面，吉林油田制定了"废旧阀门修复五步法"，修复了许多废旧阀门，使废品重新具有使用价值。在产品损耗方面，吉林油田不断调整资产结构，实现了资产轻量化管理，从多方面入手，实现了生产环节的提效降耗。

勃林格殷格翰制药集团上海张江工厂积极推进自身的绿色转型，实现降本增效。上海张江工厂建设了许多脱碳管理创新设施，例如，该工厂推出"热泵"项目，冷水机组产生的热量将会被增设的热泵机组所吸收，并作为热水系统的热源。"热泵"装置起到过渡冷水与热水的作用，每年能减少百余吨的二氧化碳排放量。

该工厂的屋顶设置了太阳能光伏电板，实现了可再生电力的转换。按照 0.8 元 / 千瓦·时的电价计算，从建成到现在，该太阳能光伏板已经为该工厂节约了几十万元的电费，而这些节约的电费可以用于其他项目。

总之，企业在践行低碳经营的同时不断优化生产环节，有利于实现提质增效和提高自身的竞争力。

三、优化包装与包装再利用

随着电子商务与快递行业的火热发展，传统包装产生的垃圾对环境造成了极大的负面影响。为了缓解环境压力，物流包装企业可以从多方面入手进行包装优化与包装再利用，践行碳减排政策。

（1）推广循环包装。物流包装企业可以推广循环包装，减少一次性包装的使用。循环包装可以重复使用，减少废弃物和碳排放量。例如，可以使用可重复使用的金属或塑料托盘、货架和箱子等包装材料，避免使用一次性木箱和纸箱等包装材料。

（2）优化包装设计。物流包装企业可以优化包装设计，降低包装材料的使用量和重量，减少碳排放量。

（3）实施物流优化。物流包装企业可以通过优化物流网络和路线，缩短运输距离和时间，减少运输成本和碳排放量；同时，可以采用高效能源和低碳能源的运输工具，如电动车、混合动力车和天然气车等，减少物流运输碳排放量。

（4）促进包装回收。物流包装企业可以以包装回收的方式实现资源的循环使用，减少废弃物和碳排放量。例如，企业可以建立包装回收和再利用体系，鼓励用户对包装进行二次利用。

（5）推广低碳包装标准。物流包装企业可以制定相应的低碳包装标准并进行推广，鼓励企业采用低碳包装材料和生产技术，提高整个行业的碳减排水平。

物流包装企业可以利用以上措施进行碳减排，实现可持续发展，并带动整个行业实现绿色发展。

第六章

绿色交通：交通运输低碳化发展

　　交通运输是经济社会持续稳定发展的基础性行业，降低二氧化碳排放量，实现交通运输绿色化、低碳化发展，是交通行业的长期发展战略。当前，交通行业在低碳转型中还有一些问题尚待解决，但在政策支持下，交通行业将加快转型步伐，实现低碳化发展。

第一节　关于交通碳中和的思考

交通是实现碳中和目标的关键领域。在经济发展、交通设施不断完善的大背景下，交通能耗不断增长，实现交通碳中和还有很长的路要走。

一、现状：交通能源消耗不断增长

随着我国交通行业的发展，其能源消耗也在持续增长，而在未来，随着人们对交通运输需求的不断增加，交通运输的能源消耗将进一步增长。

交通运输的能源消耗主要包括油耗和电耗。交通行业在全社会总油耗中占比最大，油耗主要包括柴油、煤油和汽油三种，这三种油耗的污染性都很大。海陆空运输方式都需要大量的油耗，尤其是航空运输。据《2020 年民航行业发展统计公报》可知，2020 年，我国民航运输行业总周转量为 798.51 亿吨·公里，运输飞行时长为 876.22 万小时，旅客运输量为 41 777.82 万人次，在全球居于领先地位。同时，民航吨公里油耗值为 0.316 公斤，这个数值虽然较之前有所下降，但所占比重依然很大。

很多大城市的交通运输需要大量的电力能源，电力也是我国交通行业的主要能耗之一，其中，铁路电力耗能占所有运输方式总电力耗能的比重较大。如今，地铁是铁路运输的主要形式之一，是众多年轻人通勤和外出游玩时首选的交通工具。为了满足市民需求，各大城市都在努力扩张地铁线路。就目前的形势来看，地铁的运输量在未来只增不减。

就目前我国的经济发展状况和未来的经济发展前景来看，我国的交通运输需求会保持旺盛增长的态势，因此，我国的交通能源消耗量也将持续增长。

二、阻碍交通碳中和实现的因素

交通行业能源消耗多、碳排放占比较大，是实现碳中和过程中的重点改造领域。交通行业实现碳中和，主要面临三大问题。

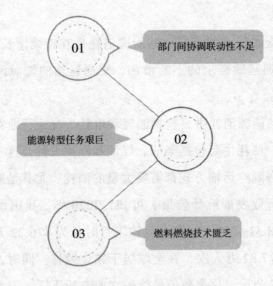

交通碳中和面临的三大问题

1. 部门间协调联动性不足

交通行业的碳中和涉及生态环境、公安、工信等部门，但各部门之间协调联动性不足，导致行业壁垒仍然存在。针对碳中和目标，各部门亟待加强协调联动性。例如，相关部门可以针对交通行业出台机动车能耗监测标准，从而更好地监督、控制机动车能耗情况，推动交通行业在环保运输技术、装备方面实现转型升级，助力交通行业通过技术的进步加快实现碳中和。

2. 能源转型任务艰巨

能源转型是交通行业实现碳中和的核心措施之一。传统的柴油、汽油和电能应逐步向太阳能、氢能转变。太阳能是助推生态环境实现可持续发展的重要能源。2022 年 6 月，中国首款太阳能汽车"天津号"在世界智能大会上展出，该款汽车将太阳能作为驱动力，代替了传统燃油，走在了交通行业能源转型的前沿，但将太阳能广泛地应用于交通行业依然是一个长期且艰巨的任务。而氢能在交通工具上的运用仍处于探索阶段，未来，基于绿氢和生物质转换的碳中和燃料可能会成为交通运输行业打造绿色交通的重要能源。

3. 燃料燃烧技术匮乏

由于柴油为化石燃料，因此在减碳前期，无论交通行业如何进行减污降碳协同减排，都难以实现二氧化碳的净零排放，因此，要想加快实现碳中和，交通行业就需要在燃料工艺和技术上不断创新，如发展绿色燃料合成技术、碳中和内燃机技术等。同时，交通行业要想实现最大化地减少污染物的排放，就需要进一步提高燃料燃烧效率，并采取更高效的热管理技术、排放后处理技术等，实现氮氧化物和二氧化碳的协同减排。

碳中和目标的提出，是我国交通行业转型的重要机遇，同时也给交通行业带来了新的挑战，交通行业应思考、分析在实现碳中和道路上面临的主要问题，努力寻找正确的解决途径，助力碳中和目标更好地实现。

三、交通行业的净零之路

在碳中和背景下，交通行业的低碳化转型是大势所趋，道路交通是其中的重点领域。未来，新能源汽车和智慧交通将进一步发展，助力交通行业低碳转型。

研发智能化道路交通技术是实现道路净零排放的有力保障。以百度智能交通为例，百度智能交通通过构建智能化道路体系，实现设备复用，降低道路基础设施的能源消耗，节省电力资源。百度智能交通通过自动驾驶的赋能提高运输效率，从一站式综合出行服务平台、城市智能交通云和车路协同网络等多个方面入手建设高效、高质量的智能道路。

同时，百度智能交通精准匹配供需，探索共享出行。百度智能交通综合考量乘客的出行成本、出行时间和对环境的影响，采用多种交通方式为乘客提供一站式出行服务，实现共享出行。百度智能交通利用先进技术促进道路交通方式加快迭代，着力于推动道路净零排放。

研发新能源技术是实现道路净零排放的主要途径。当前，我国新能源汽车产业整体发展良好，以电力技术、太阳能技术为代表的关键技术不断迭代，新能源汽车产业链逐步完善。各汽车制造企业应加快新能源技术研发，创新动力电池和太阳能驱动的核心技术。

在打造电动汽车时，汽车企业应加强用地保障，充分考量各地的土地供应条件，完善电动汽车的配建要求。新能源汽车技术从根源上降低了碳排放，对于实现道路净零排放具有重要意义。同时，各汽车制造企业应借鉴国内外新能源汽车的成功经验，完善新能源基础设施建设与规划。

实现道路净零排放需要交通行业将绿色理念和新能源技术贯穿于产品研发中，通过先进技术提升新能源汽车的运行能效，竭力推动道路交通的节能减排，践行交通碳中和的长远目标。

第二节　四大抓手，助力交通碳中和

交通碳中和如何实现？交通碳中和的实现涉及交通行业的整个产业链条，需要实现交通结构优化、提升交通体验、借数字技术助推交通变革等，同时这个过程中也离不开政策的指导。

一、优化结构，实现低碳出行

交通行业需要以碳中和目标为牵引，推动产业全链条各要素的转型升级，实现绿色转型和高质量发展。在这个过程中，交通行业需要明确节能减排目标，规划实践方案，以低碳理念优化交通结构。

首先，各城市应构建低碳出行空间格局，有效管理交通需求。各城市应合理规划国土空间格局，立足于交通与用地的一体化，推广街区制，优化各类基础设施和公共设施的布局，形成分级式的高效生活圈，提升生活圈设施的覆盖率和城区职住平衡度，从而缩短交通出行距离。

其次，各城市应实施公共交通优先发展战略，推动城市空间的集约型发展。各城市应坚持碳中和目标的引领作用，从源头保障城市空间规划与公共交通建设紧密结合；将公共交通作为城市交通资源配置的抓手，系统优化城市交通资源配置；完善接驳体系，推动公共交通一体化衔接发展，提升公共交通出行链的整体吸引力。同时，各城市应促进汽车产业与公共交通协同发展，避免政策层面出现矛盾，使各种交通方式在实现碳中和方面保持目标统一、方向一致。

最后，各城市应努力推行低碳出行方式。各城市应打造适宜步行、自行车行驶的城市交通体系，因地制宜地建设安全、通畅的步行道、非机动车道，鼓励居民绿色低碳出行。同时，各城市应推动建立高效、便利的新能源补给网络，增加汽车充电桩、电动车充电桩、加氢站等基础设施的数量，为人们的低碳出行提供更加便利的配套设施和有利的出行环境。

推广低碳交通工具、完善交通设施建设是推动交通结构优化的重要方式，也是实现绿色生活、交通碳中和的关键途径。

二、提升体验，提升公共交通吸引力

公共交通具有价格低、载客量大等优势，是一种覆盖范围较广且节能环保的交通方式，能够为人们的出行提供便利。在碳中和背景下，公共交通应致力于提升乘客出行体验，以提升自身的吸引力。

目前，大多数城镇居民对公共交通较为认可，但也有一部分居民对公共交通的评价相对较低，这一类评价主要集中在公共交通的发车时间间隔、路线质量等方面。例如，在某些城市上下班的高峰期，公共交通往往难以避免道路堵塞，这就使公共交通的准时性没有保障，从而影响乘客通勤的时间规划。此外，公共交通尚未建立系统的服务标准和评价体系，乘客难以有效地提出建议和意见。

因此，完善公共交通服务体系、提升乘客出行体验至关重要。

首先，公共交通行业应尽快制定运营服务标准。例如，在制定公共交通站点间的时间间隔标准时，应考虑平峰期和高峰期两种情况。

其次，公共交通行业应对站点覆盖率、人流量、换乘系数等方面着重分析，充分了解乘客对公共交通工具的需求，确保线路服务质量，提升线路服务水平。

最后，公共交通行业可以将线上与线下相结合，推动公共交通服务方式的创新。在线下服务方面，尽量从特殊人群的需求入手。例如，老年人是相对固定的乘坐公共交通的群体，公共交通行业要加强公共交通乘车设施的建设，提升老年人乘车的便利性。在线上服务方面，可以加强个性化需求定制，完善已有的学生班车、职工通勤专车等服务项目，实现公共交通的规模化和个性化发展。

公共交通行业应从服务运营的角度出发，具体调查、分析居民的乘车出行需求，制定相应的服务运营标准，确保公共交通的服务质量，努力提升公共交通的吸引力。

三、数字化赋能，助推交通变革

在数字化转型的浪潮下，数字技术蓬勃发展，推动交通行业发生变革。目前，轨道交通借助数字技术，展开了数字化探索，以提高轨道交通运营效率，践行低碳减排理念。

轨道交通可以借助云计算、大数据、物联网、数字孪生、人工智能等数字技术实现智慧化、精细化管理，从而降低轨道运输成本和能源损耗，为乘客带来更智能、便捷的体验。例如，北京智汇云舟科技有限公司借助实景数字孪生技术，以 3D GIS 技术为依托，将视频融合、位置智能分析、北斗网络、多源异构数据计算等技术融入轨道交通运营中。

其中，实景数字孪生技术、三维视频技术和北斗网络技术的融合能够实现轨道交通的监控视频与三维场景的拼接融合，解决传统监控视频画面割裂、视角相似、位置分散等问题。智汇云舟为轨道交通打造了数字化的智慧管理模式。数字技术的运用大幅提升了轨道交通运输效率，为轨道交通运输提供了更加便捷、高效的服务。同时，数字化智慧轨道运营模式为众多轨道交通企业提供了数字化转型标杆方案，加速了国内轨道交通的数字化发展。

数字技术推动了轨道交通的转型和变革，打造了绿色集约、安全高效的现代化轨道交通运输体系，对交通行业实现碳中和目标具有推动作用。

四、政策支持，强化顶层设计

交通行业碳中和目标的实现离不开政策的支持。当前，我国基于碳中和目标从以下几个方面入手制定了诸多政策，推进交通行业的绿色化、低碳化发展。

1. 加强顶层设计

交通运输部印发了《关于全面深入推进绿色交通发展的意见》和《推进交通运输生态文明建设实施方案》，并组织编制《交通运输行业重点节能低碳技术推广目录（2021 年度）》，着力推动交通行业的生态文明建设。

2. 推进车辆污染治理

生态环境部、交通运输部、国家市场监督管理总局联合印发了《关于建立实施汽车排放检验与维护制度的通知》，生态环境部、交通运输部联合发布了《汽车排放检验机构和汽车排放性能维护（维修）站数据交换规范》，制定了汽车排放的相关标准，依法对汽车排放进行监督、抽检和维护。生态环境部、交通运输部、公安部、商务部、财政部联合印发了《关于加快推进京津冀、汾渭平原国三及以下排放标准营运柴油货车淘汰工作的通知》，推进重点区域不符合碳排放标准的柴油货车的淘汰工作。

3. 开展船舶污染整治

为推动船舶污染物接收设施的建设，交通运输部印发了《港口和船舶污染物接收转运及处置设施建设方案编制指南》，推动水上绿色综合服务区建设，完善执法监管措施，加大船舶违法排污的整治力度。此外，交通运输部、住房和城乡建设部、生态环境部等部门联合制定了《关于建立健全长江经济带船舶和港口污染防治长效机制的意见》，推进老旧船只的改造工作，加强船舶污染物接收转运的电子化管理，对长江经济带的船舶污染问题进行集中整治，进一步加强船舶的污染防控。

可见，我国对于交通行业碳中和的发展十分重视。未来，交通行业的碳中和目标在政策的支持下，一定能够更加顺利、快速实现。

第三节　智能网联汽车成为交通发展趋势

在科技发展的影响下，汽车行业正在经历一场大变革。智能化、网联化成为汽车行业的发展趋势，智能网联汽车将重塑汽车产业价值链体系。智能网联汽车能够变革汽车生产模式，实现汽车的全生命周期管理，提升能源利用率，实现节能减排。

一、趋势：技术创新＋应用场景扩大

智能网联汽车指的是搭载先进的传感器，并结合先进的通信技术，实现人与车、车与车、车与云端之间的信息交换，同时具备环境感知、智能决策等功能的新一代汽车。作为技术创新的载体，智能网联汽车成为碳减排的重要力量。

如今，我国的多个城市已经开展智能网联汽车的商业化试运营。相

关统计数据显示，2020 年，我国智能网联汽车的新车市场渗透率已达 48.8%，高于全球 3.8%，这意味着智能网联汽车已经成为国内消费者的购车选择之一。"2022 世界智能网联汽车大会"公布的数据显示，我国开放测试公路已超 7 000 公里，实际道路测试里程已超 1 500 万公里。

近年来，相关主管部门对汽车的智能化和网联化进行了统筹规划，其中，国家标准化管委会、交通运输部、工信部和公安部等部门联合推出了智能网联汽车产业政策，致力于推动智能网联汽车产业基础设施建设和产业架构优化升级。

随着科学技术的不断发展，智能网联汽车的发展速度进一步加快。首先，5G 网络大幅提升了智能汽车搜集、分析外界数据的能力，保障了智能车载导航信息的实时性。其次，具有透明化、去中心化分布等特性的区块链融入智能汽车的大数据处理流程中，极大地增强了智能网联汽车的网络安全性，提高了智能出行的信任和安全级别。最后，传感器技术的升级提高了智能网联汽车 ADAS（advanced driver assistance system，先进驾驶辅助系统）的发展，促使各新能源主机厂旗舰车型实现 L2 级别的智能自动驾驶。

智能网联汽车技术不断创新，应用场景不断丰富，但智能网联汽车实现大规模商业化应用还需要经历一个长期发展阶段，这就需要汽车企业不断提升自身科技创新能力，打造智能网联汽车的关键核心技术，不断优化智能网联汽车的发展路径。

二、细分标准，为持续发展奠定基础

当前，我国已经明确了智能网联汽车的细分标准，为智能网联汽车的发展奠定了基础。细分标准主要有五个。

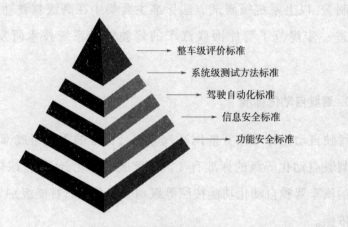

整车级评价标准
系统级测试方法标准
驾驶自动化标准
信息安全标准
功能安全标准

智能网联汽车的细分标准

1. 整车级评价标准

目前,我国对智能网联汽车制定了整车级评价的相关标准,包括《智能网联汽车 自动驾驶功能测试方法及要求　第 1 部分：通用功能》《智能网联汽车 自动驾驶功能测试方法及要求　第 2 部分：城区行驶功能》《智能网联汽车 自动驾驶功能测试方法及要求　第 3 部分：列队跟驰功能》《智能网联汽车 自动驾驶功能测试方法及要求　第 4 部分：快速路行驶功能》《基于 LTE-V2X 直连通信的车载信息交互系统技术要求》。以上五项标准对如何测试车辆在不同环境、不同情形下的智能表现作出了相关要求。

2. 系统级测试方法标准

针对智能网联汽车的系统级测试方法,我国已发布的标准有:《汽车智能限速系统性能要求及试验方法》《智能网联汽车 组合驾驶辅助系统技术要求及试验方法　第 1 部分：单车道行驶控制》《智能网联汽车　组合驾驶辅助系统技术要求及试验方法　第 2 部分：多车道行驶控制》。以上系统级测试方法标准主要集中在高级驾驶辅助系统上，它们进一步规范了智能网联汽车的驾驶辅助系统技术研发与验收工作。

3. 驾驶自动化标准

驾驶自动化标准是智能网联汽车细分标准的重要组成部分。目前，针对驾驶自动化等级的标准有《汽车驾驶自动化分级》，该标准将错综复杂的汽车驾驶自动化功能按照等级划分，是汽车智能级别划分的重要参考依据。

4. 信息安全标准

信息安全工作从基础和通用、功能应用与管理、关键系统与部件、共性技术和相关设施等层级展开，已经发布的标准有：《车载信息交互系统信息安全技术要求及试验方法》《汽车信息安全通用技术要求》《汽车整车信息安全技术要求及试验方法》《汽车软件升级通用技术要求》。以上标准致力于推动智能网联汽车信息安全体系的设计和研究工作的系统化和规范化。

5. 功能安全标准

功能安全是智能网联汽车在研发过程中的主要关注点之一，目前发布的功能安全标准有：《商用车辆车道保持辅助系统性能要求及试验方法》《道路车辆预期功能安全》。以上标准提升了智能网联汽车的安全性，并进一步规划了智能网联汽车发展预期功能的可行标准。

智能网联汽车标准还处于研究与发展中，未来将会有新的标准对智能网联汽车进行更深入的规范和要求，使智能网联汽车朝着可持续发展的方向加速前进。

三、创新是未来趋势

当前，智能网联汽车已经进入大众视野，但落地场景尚需不断扩展。为了让更多用户体验更加智能的汽车产品，智能网联汽车需要在未来不断创新，以多样化的功能在更多场景落地。

在智能网联汽车领域蓬勃发展的背景下，未来将会有越来越多的汽车企业进入智能网联汽车的赛道。多方力量的加入既能够完善我国智能网联汽车生态和产业链，又能够加快智能网联汽车核心技术的研发进程，为用户带来更便捷、舒适的体验，增强智能网联汽车对大众的吸引力。

以中国一汽为例，在智能网联汽车领域，中国一汽推出了全栈式解决方案以及 L2 至 L4 级别自动驾驶平台。针对智能网联汽车的未来发展，中国一汽制定了"阴旗技术发展战略"。在智能网联方面，中国一汽围绕"车云一体化融合架构"技术路线，聚焦智能驾驶、智能座舱、智能控制三大关键技术领域，致力于攻克 SOA（service-oriented architecture，面向服务的架构）、整车协同控制、人工智能、大交互、网联通信、仿真测试等主要技术，计划建造车路云和中央计算协同控制架构以及 AI 驱动的"车云一体化融合架构"，打造一流的智能网联汽车产品。

作为民族汽车品牌，中国一汽秉持开放、自主的合作理念，与互联网科技企业共同研发前瞻技术，推动智能网联汽车的发展。

第七章

绿色城市：城市管理中的低碳思维

许多城市将绿色低碳理念应用于城市规划，打造绿色城市。在打造绿色城市的过程中，人们应该明确城市是碳中和行动的主战场之一，城市管理者应该从城市的类型入手探寻实现碳中和的方法，着力打造低碳社区。

第一节　城市是碳中和行动的主战场之一

有关数据显示，城市的二氧化碳排放量在整体二氧化碳排放量中占比较高。随着城市工业化进程的推进，其碳排放量将会持续增加。为了尽快实现碳中和，我们应该将城市作为主战场，不断推进绿色城市建设。

一、碳排放与城市发展息息相关

碳排放主要来自城市，包括能源、交通、制造业与建筑业等。根据相关统计，2020 年全球碳排放来源中，碳排放量占比排名前三的领域分别是能源发电与供热、交通运输、制造业与建筑业。

这三个占比较高的领域都与城市相关。城市作为人类生产、生活的主要载体，承担着大量的人口、产业，成为全球碳排放的主要来源。

为了减少碳排放，我国着力推进能源、产业、交通等重要产业加速转型创新，并出台了许多政策。例如，在城市建设与建筑工程方面，我国将绿色建筑和绿色交通作为未来发展的方向，极力推进生态文明建设示范区、低碳城镇、低碳园区等多层次的低碳建筑建设工作。

城市成为实现碳中和的重点。面对气候变化的挑战，我国需要大力发展绿色城市，实现脱碳目标，获得经济增长。

二、绿色城市的五大构成要素

《城市建设碳中和白皮书》明确了构成碳中和城市的五大要素，分别是基底、结构、形态、支撑和治理，这五个要素彼此独立又相互交错，共同推动绿色城市的发展。

能源结构对我国脱碳进程的影响十分重大，是绿色城市的基底。我国目前正减少煤炭的使用，并加大可再生资源的投资，以清洁铝燃料代替化石燃料发电。

绿色城市的结构指的是产业转型与循环经济。工业制造将会产生大量二氧化碳，因此，打造绿色城市需要合理布局产业结构。城市需要限制高耗能产业的发展，实现产业升级转型，大力发展绿色经济，构建绿色产业体系。

绿色城市的形态指的是紧凑城市和生态网络。绿色城市需要合理利用土地，打造紧凑的城市形态和健康的生态网络。绿色城市的发展趋势是大力推进公共交通，打造15分钟生活圈，创造紧凑、多元化的城市形态。

绿色城市的支撑是绿色交通与技术。交通基础设施能够连接整个城市，重要性不言而喻。交通行业是减碳的重要领域之一，我国可以从清洁能源和高效能耗入手，实现交通工具新能源化、出行结构低碳化，打造绿色交通。

绿色城市的治理需要企业与政府协同一致。想要打造绿色城市，必须完善城市治理体系，这离不开政府与企业的共同努力。政府可以为企业的低碳创新实践提供有力的支持，并引导和激励企业，推动绿色产业落地。

绿色城市的五大构成要素是推动其建立、发展必不可少的要素，城市管理者应该以这五大要素为基础完善绿色城市发展，发挥绿色城市在碳中和进程中的价值。

第二节 不同城市实现碳中和的方法

在建设绿色城市的过程中，农业型城市、工业型城市、综合型城市等不同类型的城市实现碳中和的方法不同，各城市需要根据自己的特点，制定有针对性的碳中和方案。

一、农业型城市：节能减排 + 农业生态保护

农业型城市往往会依托城市的科技、资金优势，进行集约化农业生产，提供优质农副产品，发展具有观光旅游、休闲娱乐等功能的现代化农业。要想实现碳中和的目标，农业型城市就要从以下两个方面出发，做好农业生态的综合治理：

1. 农业生产环节的减排

农业温室气体排放的主要来源是化肥施用、大田种植、大牲畜养殖等，其中，粮食生产环节是农业碳排放的主要来源，如高耗能肥料的生产、使用等，因此农业生产环节的减排非常重要。

然而，我国农业领域的低碳化技术还不成熟，具有局限性，其有效性、经济性都有待验证，具有较大的发展潜力。目前，我国在农业生产中采取了使用清洁能源（使用新能源农具）、农业废弃物资源化利用（生物燃料）、调整生产方式（有机耕种）三种主要的农业生产减排措施。

2. 保护农业生态功能

虽然农耕、畜牧等农业生产活动产生的碳排放不容忽视，但农业本

身具有"绿色"属性，如稻田属于人工湿地，因此，农业型城市想要实现碳中和，就要注意保护农业本身的生态功能。一方面，注重农业用地的综合管控，稳定生态系统，优化农业经营模式，发展绿色经济；另一方面，改良土壤，提高农田等人工生态系统的固碳能力。

二、工业型城市：产业结构转型 + 发展绿色经济

工业型城市指的是因为工业生产而发展形成的城市，这类城市以工业生产为发展核心，能源消耗较大。对于这类城市来说，要想实现碳中和目标，就需要推动产业结构绿色转型，发展绿色经济。具体来说，工业型城市需要做好以下两个方面：

1. 重点产业技术升级，产业结构转型

宁波是一个典型的工业型城市，特点是碳排放总量高、工业碳排放占比大。那么，它是如何践行碳中和的呢？

（1）以目标为导向，倒逼工业技术低碳升级。宁波将碳中和工作的重点放在促进工业技术升级上。一方面，制定碳排放的峰值目标来倒逼行业转型升级。2020 年，宁波电力、石化、钢铁等行业的碳排放总量分别控制在 6 580 万吨、2 480 万吨、1 100 万吨以内，以此倒逼电力行业规范煤电厂以及钢铁行业调整产品结构等。另一方面，进行新技术研究，推动工业领域节能改造，例如，"工业智慧能效管理分析云平台"等项目为多家公司提升节能率提供了解决方案。

（2）锚定优势产业，重点发力。宁波基于自身港口发达的优势，探索港口绿色发展路径。宁波在舟山港、梅山港等港口推行清洁能源利用，包括船舶岸电供应、牵引车"一拖多挂"、网供电力代替传统柴油机等。改造后的绿色港口为宁波注入了绿色发展动力。

2. 布局低碳产业，发展创新绿色经济

深圳市龙岗区有一个深圳国际低碳城，是中欧可持续城镇化合作项目。深圳国际低碳城聚集了一批节能环保等领域的企业，是深圳发展绿色低碳的代表性区域之一。

（1）超前布局低碳产业，调整产业结构。深圳国际低碳城成功的秘诀在于，从规划之初就以布局低碳产业为发展核心。深圳国际低碳城的前身是深圳高桥工业园，旧园区内的产业大多为低端制造业。2010年，龙岗区全面推进产业结构优化升级，提升产业水平和行业准入门槛。

截至2022年7月，深圳国际低碳城有规模以上企业314家，其中有245家高新技术企业、14家上市企业。

（2）以低碳技术打造低碳空间。在深圳国际低碳城中，各种低碳技术几乎随处可见。首先，园区进行了绿色建筑标准的低碳改造，例如，园区内的"低碳乐城"酒店就是闲置建筑改造而来，已获得绿色建筑二星评定。其次，园区内的很多细节都应用了低碳技术，例如，路灯采用风光互补、太阳能灯；建筑上的光伏发电组件等。

（3）让有关绿色低碳的讨论"与我有关"。深圳国际低碳城还积极举办技术交流会、论坛等，开展对外合作，提升项目在国际上的影响力。各种论坛、交流会、创意大赛的召开，让深圳国际低碳城成了集技术研发、企业孵化、低碳文化科普中心于一身的创新绿色示范基地。

三、综合型城市：以低碳技术打造城市生态

综合型城市往往具有地理优势和产业优势，经济功能具有综合性，金融业、文化业、服务业等比较完善。在实现碳中和方面，综合型城市可以关注以下两个方面：

1. 借助城市设计手段，构建低碳空间

有些人认为，在碳中和的影响下，城市形态会发生翻天覆地的变化，其实这种想法失之偏颇。城市是为人而建，无论是早期的文明城市规划、绿色城市规划，还是现在的碳中和城市规划，都追求可持续发展，目的都是造福广大居民、让他们受惠。

在设计方面，文明城市规划、绿色城市规划、碳中和城市规划是一脉相承的，其设计理念和设计方案从本质上来说没有很大区别。不过，碳中和的目标对人均碳排放量和整体碳排放强度提出了更高的要求，催生了包括"产城融合""职住平衡""街区密路网"等在内的新型设计策略，从而更好、更快地推动城市实现碳中和目标。

中新天津生态城就是一个典型的碳中和城市案例，其在绿色低碳方面的设计策略值得其他城市学习。最初的中新天津生态城有很多盐田、盐碱荒地，在生态优先原则的指导下，其构建了"湖水—河流—湿地—绿地"复合生态系统，形成了自然生态与人工生态有机结合的生态格局。

中新天津生态城的原始地貌

"湖水—河流—湿地—绿地"复合生态系统

那么，为了推动碳中和目标的实现，中新天津生态城具体是如何进行城市设计的呢？

（1）中新天津生态城规划了三级居住体系，建设了长 12 千米、宽 50~80 米的生态主轴，不允许私家车驶入其中，只能运行轻轨系统、动力巴士，实现低碳出行。

（2）中新天津生态城依托运河体系，打造了贯穿于各住宅区之间，可以连接公园与海洋的生态走廊，并开发综合项目，用地模式紧凑。

（3）中新天津生态城制定了清晰、可量化的综合指标体系，以全程监测并衡量自身可持续发展情况，维持生态环境健康，具体见下表。

综合指标体系

生态环境健康		社会和谐进步		经济蓬勃、高效
100%直饮水	自然湿地零损失	垃圾回收利用率不小于60%	100%无障碍通行	可再生能源利用率不低于20%

续上表

生态环境健康		社会和谐进步		经济蓬勃、高效
每单位 GDP 碳排放强度不超过 150 吨 -C/ 百万美元	功能区噪声达标率达到 100%	日人均生活耗水量不超过 120 升	日人均垃圾产生量不超过 0.8 千克	每万劳动力中研发科学家和工程师全时当量不小于 50 人年
区内环境空气质量达到二级标准	区内地表水环境质量达到现行标准 IV 类水体水质要求	公屋占本区住宅总量的比例不低于 20%	步行 500 米范围内设有免费的文体休闲设施	非传统水源利用率不低于 50%
本地植物指数不低于 70%	人均公共绿地不低于 12 平方米	100% 垃圾无害化处理	市政管网普及率达到 100%	就业住房平衡指数不低于 50%
100% 绿色建筑		绿色出行率不低于 90%		

2. 使用低碳技术，构建城市有机整体

打造绿色城市需要使用低碳技术，从而综合调动各生态系统的能力，使其成为一个可持续发展的有机整体，引领低碳风尚。例如，斯德哥尔摩有一个非常知名的生态城——哈马碧，该生态城被认为是走在碳中和时代前列的典型案例。

在城市规划方面，哈马碧坚持一体化建设，使用垃圾处理、自然资源再利用等技术，构建完善的生态系统。此外，针对住宅等建筑，哈马碧使用了很多低碳技术，如太阳能收集技术，并在建筑顶层安装了具有节能作用的燃料电池设备等。

哈马碧的居民树立了绿色低碳的生活理念，而哈马碧也会引导居民主动选择环保的生活方式。例如，哈马碧的很多建筑都配备了与节水系统相连的雨水收集管道，节水系统又与电热厂相连，生产出的热力用于

供暖和加热。

为了顺应时代发展，斯德哥尔摩提出了"2040 年实现碳中和"的目标。在该目标的指引下，哈马碧制订了"哈马碧 2.0"计划，希望在广泛使用低碳技术的同时，激发居民的参与热情，让居民践行绿色生活方式，打造碳中和示范区。

实现碳中和的首要原则是低碳、绿色、减排，在此基础上，不同城市的碳中和策略有所不同。各类城市应该根据自身主导行业和实际发展情况设计方案，做到"对症下药"，在全域范围内形成低碳风尚，打造高品质、宜居的绿色城市。

第三节　碳中和时代，如何建设低碳社区

社区是居民生活的基本单元，也是居民进行各种活动并产生碳排放的重要场所，因此，低碳社区是实现碳中和的发力点之一，城市应该紧抓建设低碳社区的关键点，并结合相关案例学习如何建设低碳社区，为实现碳中和贡献力量。

一、建设低碳社区的四个关键点

低碳社区指的是通过打造友好的自然环境、基础设施和管理模式等，降低资源消耗量，实现低碳排放的社区。建设低碳社区，不仅能够降低碳排放量，还有助于帮助用户形成健康、低碳的生活方式，实现生态环境可持续发展。厦门市国贸天成小区是厦门首个零碳小区，下面以其为

例，说明建设低碳社区的四个关键点。

1. 使用节能环保建材，降低碳排放量

国贸天成小区在建设时使用了许多节能环保的材料，例如，外墙使用无机保温砂浆。无机保温砂浆由天然矿物质制成，不含有害物质，不会对环境造成污染；外窗使用了 LOW-E（Low-Emissivity，低辐射）中空玻璃，具有保温隔热、节能等优点，实现环保低碳；其采用的变压器也为低损耗、低噪声的节能产品。

2. 采用零能耗的采暖、光照系统，减少能源消耗

国贸天成小区在户型设计上采用全明户型设计，每种户型都能够捕获充足的自然光线，有利于降低房屋能耗。为了节约能源，国贸天成小区构建了分区照明控制系统，在有自然光源的区域设置定时或电光控制开关。

3. 提高社区绿化率，营造绿色生活环境

绿色植物能够吸收二氧化碳，因此，国贸天成小区种植了许多绿植，绿化率达到 30%。种植绿植不仅可以打造丰富的园林景观，还可以净化空气、蒸腾吸热等，为用户创造舒适、宜人的居住环境。

4. 倡导绿色出行模式，践行低碳生活方式

国贸天成小区的公共交通发达，用户可以搭乘地铁或者骑行去往各地。

低碳社区建设不是一蹴而就的，而是一个循序渐进的过程。低碳社区的建设应以可持续发展为导向，不断进行优化调整，朝着节能减排的目标持续发展。

二、英国：现代化的贝丁顿零碳社区

温室效应不断积累，全球气候环境更加恶劣。在这样的背景下，各个国家都十分关注碳中和、节能减排等。许多与碳中和有关的社区建立起来并发展壮大，而其中，最典型的则是英国现代化的贝丁顿零碳社区。

位于英国伦敦的贝丁顿零碳社区是世界上第一个公认的碳中和社区，于 2002 年完工并投入使用，该社区共有 99 套房屋，主要分为三个部分：一部分用于出售；一部分由核心工作人员拥有；另一部分用于出租。该社区拥有宽阔的工作空间和公共空间，公共空间包括步行区的生活街道、村庄广场、运动场、菜园和多功能社区中心等。

贝丁顿零碳社区在设计之初追求零能耗，即不向大自然排放二氧化碳，利用现有的可再生能源满足用户生活需求。零能耗强调阳光、水源、木材等资源的循环使用，需要从环保角度采取各种措施。

为了实现节能，贝丁顿零碳社区设置了大量太阳能电池板，在环保的前提下为用户提供充足的电力支持。在绿植方面，社区周围种植了大量速生林，能够有效增加碳汇。在采暖方面，社区内的各个建筑物紧密相邻，并使用了风帽技术、三层玻璃，保证其能够最大限度地从太阳光中吸收热量，实现房屋隔热，促进节能减排。在节水方面，雨水会被收集起来，实现再利用。同时，社区鼓励居民使用节水型电器，并尽可能地实现废水二次利用。

在建筑用材方面，贝丁顿零碳社区贯彻了就地取材的理念，从社区周边获取建筑材料。例如，该社区周边有一个废弃火车站，便就地取材，二次利用废弃火车站的建筑材料，最大限度地减少运输过程中的能源损耗。

在交通出行方面，贝丁顿零碳社区支持居民使用环保、节能的汽车，同时，为每个停车位都配置了电动汽车充电桩，该社区鼓励用户步行出门，修建了许多人行道。针对居民远途出行的需求，该社区在附近配备了铁路和公交车。

虽然该社区并未完全实现最初的设想，在发展过程中出现了许多问题，但该社区为各个国家、城市建设碳中和社区提供了范例，可以称作碳中和社区的典范。

第八章

绿色能源：碳中和入驻能源行业

作为一个在社会层面达成共识的目标，碳中和为能源的未来发展指明了方向。未来，碳中和将助推绿色产业崛起，风能、太阳能等绿色能源将逐步取代传统能源，迎来发展的黄金期。同时，高耗能行业中的企业将加速转型，实现能源变革。

第一节　碳中和是能源变革的必由之路

碳中和目标的推进将改变能源的未来发展方向。紧跟能源格局调整的趋势，掌握能源革命的主动权，对经济与社会的长远发展至关重要。在能源变革之路上，新的能源体系将会形成，更多企业将参与到能源变革中。

一、能源革命带来的影响

随着工业的发展和社会的进步，能源需求不断提升，同时，温室气体排放成为阻碍环境治理的关键问题。

1. 能源变革的过程中的机遇

随着碳中和目标的推进，清洁能源将逐渐代替二氧化碳排放强度高的化石能源，降低生产对环境的影响。在能源变革的过程中，潜藏着诸多机遇，主要有以下几个：

（1）能源革命推动经济高质量发展。我国目前正处于从中等收入向高收入过渡的阶段，与发达国家相比，我国经济发展对能源消耗的依赖性更高。面对这种情况，各类企业要在保持经济增长的同时减少有害气体排放，将经济发展与有害气体排放脱钩，推动经济高质量发展。

（2）能源革命促进产业结构调整。在能源革命的影响下，风能、氢能等新能源涌现，能源基础设施持续升级，从而促进能源产业快速发展。此外,碳中和概念的提出让减排增汇需求增加,并催生了碳计量、碳交易、绿色金融等新兴产业，为经济发展带来了新动力。一些专家预测，能源革命将带动近百万亿元的绿色能源投资。

（3）能源革命引领技术突破。碳中和进一步加速了能源产业转型（从"以资源和资本为主导"转型为"以技术和资本为主导"），并将引领新一轮工业革命。在这场革命中，包括量子信息技术、新材料技术在内的颠覆性技术将涌现，新业态、新模式将层出不穷。

（4）能源革命让国际合作机会越来越多。在能源革命时代，那些走低碳经济之路的国家将紧密合作，以实现共赢。例如，近年来，我国光伏硅片、电池片、组件等产品的出口额持续攀升；外资加速进入我国新能源汽车等新消费领域。

2. 能源变革的过程中的挑战

凡事都有两面性，能源革命在带来机遇的同时，也带来一些挑战。能源革命带来的挑战主要有以下几个：

（1）高耗能制造业在产业结构中所占比重大。在我国的产业结构中，能耗高、污染多的制造业占较大比重，在开展能源革命的大背景下，这些产业对能源的需求将不断增加，从而影响环境保护进程。

（2）煤炭使用量大。在很长一段时间内，我国的能源结构都以煤炭为主，而且煤炭利用率较低，这就使得我国的碳排放强度高于世界平均水平，能源革命顺利推进有一定的难度。

（3）碳排放总量大。在全球范围内，我国是一个非常大的能源生产和消费国，碳排放总量近百亿吨，大约占全球碳排放总量的30%。相关政策要求，到2030年，我国碳排放总量要下降20%左右，对于我国来说，这是一个不小的挑战。

（4）减排斜率线比较陡。从碳达峰到碳中和，欧盟预留了70年的时间，美国、日本预留了40年左右的时间，而我国只预留了30年的时间。

如果描绘我国的减排过程，那就会是一条斜率很陡的曲线，这意味着我国要为实现碳中和付出更多努力。

二、能源体系创新，助力碳中和

为实现碳中和目标，我国传统的以化石能源为主的能源结构需要得到优化。积极进行能源体系创新，弥补传统能源结构中高耗能短板是一项十分重要的工作，这项工作的实施离不开政府、企业、消费者三方的共同努力。

从政府的角度来看，政府提倡以清洁、低碳为导向的能源体系，要求企业清洁、高效地使用煤炭资源。此外，政府还积极推动非化石能源消费，重视氢能、地热能等新能源的应用，并建立了统一、科学的产业标准和监管机制，以统筹现代能源战略发展。

从企业的角度来看，企业要坚持技术自主可控，进一步提升创新水平。打造多元化能源体系的关键是技术，企业要把技术作为自身发展的核心支点，研发能源创新平台，建立以团队为主体、能源市场为导向的技术创新机制，保证能源供应安全，掌握能源市场的主动权。

从消费者的角度来看，消费者应该高效利用能源，并在此基础上多使用低碳甚至零碳能源，这样才可以将碳排放量大幅降低，为我国的碳中和事业贡献一份力量。

在碳中和目标下，能源生产者与消费者之间不再是能源从供到需的单向关系。随着能源结构变革以及能源相关技术的进步，消费者将主动改变自己的行为，为能源生产者提供更多支持和帮助。在不久的将来，消费者甚至可以成为能源生产者，自己生产能源来满足自身取暖、用电等需求，这也会催生一些新的商业模式，而且这些商业模式将有广阔的发展空间。

三、碳中和来临，能源行业要做什么

我国预计在 2060 年实现碳中和，为了实现该目标，能源行业应采取有效的措施，具体如下：

1. 提高能源利用效率，控制能源消费总量

为了实现碳中和，我国应该控制能源消费总量，利用多种措施提高能源利用效率。未来，我国会将重点放在数字化技术和先进能源技术方面，进一步提高能源利用效率，并重视优化产业结构对提高能效的作用，进一步控制能源消费总量。

2. 极力推进清洁能源发展，实现能源结构优化

在"双碳"目标的驱动下，我国能源结构应不断优化，非化石能源占比和电气化水平不断提升。想要实现能源系统的减排，需要发展非化石能源。随着新能源装机规模的快速提升，具有零碳属性的非化石能源将成为我国能源电力供应主体。

3. 积极发展减排技术，助力化石能源的清洁、低碳利用

从客观现实来说，煤炭、石油等很难完全被取代，因此，我国需要推行化石能源的低碳化利用，借助碳捕集技术实现重点行业的零排放。

能源行业想要实现碳中和，在技术、市场和政策方面都面临一些挑战，只有突破这些挑战，能源行业碳中和才能真正实现。

四、华为：打造 FusionSolar 智能光伏管理系统

随着全球能源的加速转型，光伏成为主力能源，具有重要地位。在光伏产业快速发展的同时，其也面临许多挑战，包括电网稳定性、多样

性和安全性等。许多企业纷纷开始研究如何通过技术赋能光伏产业，实现光伏发电的稳定、高效。

在此背景下，华为在智能光伏新品发布会上发布了 FusionSolar 智能光伏管理系统以及智能光储新品和解决方案。

在 FusionSolar 这个品牌的背后，是华为的不断突破。华为将创新理念、数字技术与电力电子技术巧妙地结合，贯彻以人为本的理念，为用户提供稳定、可靠的产品。华为与光伏产业的合作伙伴共同打造合作、共赢的产业生态，持续推进能源转型，使绿色电力惠及千家万户。

华为发布的智能光储新品和解决方案能应用于三大场景。华为 FusionSolar 智能光储解决方案主要用于电站场景，以智能光伏控制器为核心，为用户带来数字化、安全、可靠的用电体验；工商业优光储充用云解决方案主要用于工商业场景，能够进行智能发电、用电和运维，有效降低用户用电成本；户用智能光伏解决方案主要用于户用场景，能够在保证安全的情况下实现用户用电自由。

安全是光伏发电行业可持续发展的基石，华为作为光伏发电行业的探索者，将持续利用技术进行创新，实现低碳转型与可持续发展，并推动行业不断发展。

第二节　清洁能源助力绿色发展

以清洁能源推动绿色低碳发展是实现碳中和的重要路径。在碳中和目标的指引下，太阳能、核能、风能、氢能、地热能、生物质能等清洁能源将获得更大发展，为各行业的能源变革奠定基础。

一、太阳能：发展清洁能源的必然选择

太阳能指的是太阳的热辐射能，是一种可再生的清洁能源。随着碳中和目标不断推进和太阳能技术的进步，太阳能产业有望在未来快速发展，成为能源领域的高潜力风口。

在太阳能发电领域，光伏发电的产业链比较成熟，光伏技术越来越先进，装机容量规模不断扩大。而光热发电技术虽然还处于起步阶段，但电能质量非常高。因此，可以预见，太阳能发电领域可能出现光伏发电与光热发电"两足站立"的局面。

在太阳能器具领域，中高温太阳能热水器被开发出来。另外，太阳能空调、太阳能照明、太阳能灶等产品逐渐增加了取暖、制冷、烘干、烹饪等功能。值得一提的是，工业太阳能热水器可以为工业制造提供相应的功能，如发酵、产品烘干、生产预热、采暖等。

在太阳能应用方面，光伏建筑一体化技术越来越先进，太阳能被动房、太阳能农膜等技术迅猛发展，形成了不同规模的产业链。目前，我国正在大力推动分布式光伏的发展，希望可以实现分布式光伏与储能微电网的融合，从而进一步完善光伏发电体系。

随着太阳能光伏技术的持续进步，其发电成本不断下降，这意味着太阳能将成为一种便宜、清洁、安全的高性价比能源。而且与风能、水能等能源相比，太阳能资源很丰富，也没有地域限制，可以很好地解决能源不足的问题，赋能我国的碳中和之路。

在实现碳中和的过程中，太阳能和太阳能产业链将扮演非常重要的角色。以太阳能为主体的新型电力与能源体系和完善的数字化能源管理与储能体系能够给我国的碳中和之路提供助力。

二、核能：不可或缺的碳中和助力

核能指的是通过核反应从原子核释放的能量，具有碳排放低、稳定供应等优势，对波动性较大的风能、太阳能等是很好的补充。

核反应可以分为两种类型：一种是核裂变反应，即较重的原子核通过分裂释放能量；另一种是核聚变反应，即较轻的原子核聚合在一起释放能量。上述两种核反应产生不同的核能，即核裂变能，如核电站、原子弹等；核聚变能，如氢弹等。与其他能源相比，核能的威力巨大，而且有极高的能量密度，因此，如果核能可以被安全、高效、科学地开发和利用，就可以为社会提供巨大价值。

核能是不可再生的清洁能源，可以很好地减少二氧化硫、氮氧化物等有害物质的排放。目前，核能已经与一些可再生能源融合在一起，形成了混合能源系统，满足不同主体的个性化能源需求。根据电力机构的统计数据，如果通过核能发电，那么每发 1 千瓦·时电的碳排放量大约只有 10.9 克，整个发电过程能够做到低碳、环保。

核能除了可以发电外，在非电力方面的应用潜力也很大。例如，核能可以用于供热领域；在海水淡化、制氢、原油开采、船舶运输、太空航天等领域，核能也可以发挥非常重要的作用。因此，综合考虑清洁性、经济性、安全性等要素，核能在全球范围内是一种必不可少的能源，将为世界各国应对气候变化和实现碳中和目标提供强大支持。

从欧盟提出碳中和开始到现在，很多国家对"低碳生活和生产"议题基本达成了一致意见，但对核能发展问题还有一定的争议。有些国家认为要放弃核能，也有些国家认为核能是重要的，应该得到广泛应用。不过从整体上来看，核能在各国的发展还是可圈可点的。未来，核能将继续保持稳健、安全的发展态势，助力各国的碳中和事业。

三、风能：实现碳中和的主力军

风能是空气流动产生的动能，其实现过程是将风动能转化为机械动能，从而转化为电能。作为一种常见的清洁能源，风能具有分布范围广、储量大等特点，在很多国家和地区都得到了普遍应用。

在碳中和的时代背景下，传统发电模式因为存在一些问题，如环境污染等，而被人们诟病。风力发电可以降低碳排放量，对环境几乎没有污染，有利于推动环保事业发展。风力发电是一种极具潜力的发电方式，已经成为我国的新兴产业之一，对实现碳中和目标很有帮助。

联合国政府间气候变化专门委员会提供的相关数据显示，在借助风力发电时，碳排放量为 11~12 克 /（千瓦·时），而光伏发电的碳排放量为 48 克 /（千瓦·时），水力发电的碳排放量为 24 克 /（千瓦·时），天然气发电的碳排放量是 490 克 /（千瓦·时），煤炭发电的碳排放量则高达 820 克 /（千瓦·时）。

由此可见，风力发电的清洁程度很高，而且依托于风力发电技术，风车装置只需要微风速度（大约 3 米 / 秒）就可以顺利发电，因此，虽然有时人们感受不到风，但风车装置上的发电机叶片依然在旋转，尤其在内蒙古、辽宁、陕西、山西等地区，风能蕴藏量很大，风力发电有得天独厚的优势，因此很多风电厂都兴建在这些地区。

风力发电顺应碳中和时代的发展要求，很多企业都在为风力发电贡献自己的力量。例如，施耐德电气集团凭借自己在电气领域的丰富经验和大量研发投入，打造了包括变流系统、主控系统、变桨与偏航系统、集电升压系统等产品在内的全产品体系，从而满足风电厂对能源可靠性和稳定性的需求。为了更精准地掌握客户偏好，施耐德与风电厂保持密切联系，收集风电厂对产品研发和功能改进的建议，从而进一步提升产品质量，全方位赋能风电事业。

四、氢能：实现碳中和的理想方案

氢能是一种优势明显的可再生清洁能源，具有燃烧性能好、储量丰富、低能耗、运输方便等优势。在促进能源转型、节能减排方面，氢能发挥着重要作用。我国发展氢能的优势十分明显，主要有以下几个：

1. 我国氢能原料充足，氢气产量和储备量很大

随着氯碱、焦化等行业的发展，大规模、高纯度、低成本的工业副产氢气制取变得比之前更简单。同时，我国有很多光伏发电装置和风力发电装置，可以为氢气制取提供充足的电力保障。

2. 氢能产业基础扎实，出现了一批带动作用很强的氢能企业

天眼查提供的相关数据显示，在我国，氢能全产业链规模以上企业超过300家，主要分布在长三角、京津冀等地区，这些企业的业务范围广泛，涉及制氢、储运、燃料电池材料生产等领域，对氢能产业的发展有很强的促进作用。例如，华能集团是电解水制氢领域的领军企业，该企业积累了丰富的技术经验，突破了诸多技术创新瓶颈，为氢能的大规模应用奠定了良好的基础。

3. 政府重视氢能研发，并积极引导科研院所、重点高校与企业进行技术创新合作

在各类组织的努力下，我国的氢能产业在很多方面都有了突破性进展，包括氢能绿色制取、氢能安全储存、氢能便捷改质、氢能高效输配等。

4. 氢能产业有着良好的发展环境

2020年以来，政府出台了很多与氢能产业相关的政策和补贴措施，

以支持氢能产业和氢能企业的发展。

除了我国外，其他国家也有相应的措施推动氢能及其相关产业发展。例如，欧盟在 2020 年 7 月制定了"氢能战略"，并投入 4 700 亿欧元实施该战略，进一步加强水电解装置建设。欧盟希望该战略可以覆盖那些难以实现脱碳化的领域，同时让"绿氢"在这些领域普及。

其他国家的企业也积极开展氢相关业务。以美国的石油相关企业为例，这些企业与日本的大型汽车制造商进行战略合作，共同研发氢相关技术与产品，以满足当下社会对脱碳化的需求。未来，不同国家企业之间的合作会更频繁，氢能的黄金时代即将来临。

五、地热能：低碳能源新方向

地热能是一种储量丰富、安全、稳定、节能效果好的优质能源，可以在发电、供热、制冷等多个场景中应用，发展潜力巨大。为了更好地应用地热能，我国积极推动地热能产业发展，这不仅有利于调整我国的能源结构，对经济增长也有非常明显的促进作用。我国的地热能产业主要分为以下几个细分领域：

（1）地热发电是地热能产业的重要组成部分。地热发电不需要体积庞大的锅炉，也不需要消耗大量污染燃料，只需要地热能。

（2）地热能在农业中得到广泛应用，例如，农民可以借助温度适宜的地热水灌溉农田，让农作物尽快成熟，同时增加农作物产量；养鱼户可以使用 28℃左右的地热水养鱼，从而进一步提高鱼的出产率；沼气工厂可以借助地热能提升沼气池温度，增加沼气产量；养殖机构可以借助地热能发展养殖业，包括培养菌种、养殖鳗鱼和罗氏沼虾等。

（3）地热能可以助力温泉康养产业的发展。由于地热水通常是从很深的地下提取到地上，因此温度比较高，而且里面会有一些医疗效果很好的特殊化学元素，这就决定了地热水可以在温泉康养产业获得广泛的应用，例如，有些地热水可以让神经衰弱、关节炎、皮肤过敏等病症得到一定的缓解，帮助患者减轻痛苦，让他们变得更健康。

地热能作为一种清洁、环保的新能源，受到了政府和企业的高度重视。目前，政府正在不断完善地热能管理机制，鼓励相关技术创新，统一地热能运行标准。而企业则致力于搭建地热能交易平台，为地热能的发展营造良好的环境，进一步加快对地热能的开发和应用。政府和企业的共同助力对加强生态文明建设、实现碳中和目标有着非常重要的现实意义。

六、生物质能：极具潜力的清洁能源

生物质能是一种再生能源，指的是树叶、秸秆、果皮、杂草等自然界中的有机物质提供的能量。生物质能具有易燃烧、污染少、蕴藏量大等特点，可以转化为电能、沼气、天然气等多种能源。

以秸秆这一生物质能为例，农民将秸秆粉碎后投放到田地里可以增加土壤有机质含量，进一步提升田地生产力。而如果将秸秆压成颗粒状成型燃料，那么秸秆就会成为优质、清洁的工业燃料、食用菌基料等，从而进一步减少碳排放量。

天眼查提供的相关数据显示，目前我国有千余家生物质燃料相关企业，其中，成立时间在1~5年的企业最多，占比高达55.9%；成立5~10年的企业占比大约为26%。从注册资本来看，生物质燃料相关企业的注册资本大多少于100万元。

在碳中和的时代背景下，生物质燃料相关企业发挥了很大作用，它们让减污降碳、生态发展、低碳生活成为受到广泛关注的热门话题。另外，生物质能作为一种绿色环保的能源，还有负碳排放等生态价值，以及惠农富农、乡村振兴等社会价值，对我国碳中和目标的实现有很大帮助。

第九章

绿色制造：助推工业低碳高质量发展

绿色制造是一种既考虑生产效益又考虑环境保护的先进的制造模式，其目的是将产品设计、产品制造、产品运输等环节对环境的影响降到最低，同时提高资源利用率。随着碳中和目标的推进，绿色制造成为制造行业转型新趋势，指引着制造行业的发展。同时，在技术进步、制造行业低碳转型两大要素的助推下，绿色、智能的智能工业迎来更加广阔的发展空间。

第一节　绿色转型成为工业制造新趋势

　　和传统制造相比，绿色制造能够实现更加清洁的工业生产，可以实现废弃物的循环利用。在碳中和背景下，企业的绿色转型不仅是行业可持续发展的要求，也是企业抓住未来发展机遇的必然选择。当前已经有不少企业将碳减排要求贯穿到产品生产管理全周期中，加速整个生产流程的低碳转型。

一、绿色制造带来企业发展新机遇

　　在碳中和目标的驱动下，绿色制造成为工业企业转型的必然选择。绿色制造将打开新的市场，为企业的发展提供新机遇。

　　一方面，绿色制造是生态修复的必由之路，也是我国制造业向高端发展的必然选择。当前，雾霾、水污染等生态问题对经济发展造成了严重影响，生态修复和环境保护需要绿色制造的支持。一些企业将绿色制造当作负担，担忧绿色制造的经济效益。事实上，我国制造业依赖的资源优势正在逐步减弱，要想提高竞争力，制造企业就需要寻求消耗少、产出高的生产方式，这种环境友好型的工业生产方式是打造工业强国的必然要求。

　　另一方面，绿色制造能够与先进科技支持下的智能制造相互促进。绿色制造的特点是资源消耗少、环境污染小，智能制造的特点是自动智能、多设备互联，二者可以相互促进、相互补充。

智能制造中的技术应用，如智能电网、多网融合等，不仅能够连通生产、销售等环节，还能够减少资源消耗，实现节能减排。而绿色制造中推行的各种新技术、新材料等，也与智能制造中的新应用"不谋而合"。绿色制造能够推动技术升级、生产流程迭代优化等，由此将打造新的经济增长点。

传统企业向绿色制造企业转型将推动先进技术和绿色产品不断创新。钢铁、服装等传统制造业需要用绿色生产工艺改造传统制造流程，信息通信、智能设备等新兴产业需要从绿色设计入手打造绿色产业链，由此产生的绿色生产、智能电网等，不仅能够推动制造业实现绿色化、智能化、高端化发展，还能够带动上下游全产业链的节能减排，创造新的经济增长点。

二、绿色制造发展以碳中和为导向

绿色制造的发展以碳中和为导向，制造行业需要根据碳中和目标制定发展路线图，在碳中和目标的引领下实现低碳、绿色发展。

在绿色工厂、绿色工业园区、绿色供应链的助力下，制造企业绿色转型的步伐不断加快，工业设计、制造等产业链中涌现出了一批龙头企业。碳减排成效大幅提升，工业活动的绿色生态属性不断彰显。

在 2020 年 9 月"双碳"目标提出之后，碳中和目标对制造行业低碳化提出了更高的要求。2020 年的中央经济工作会议指出："要抓紧制定 2030 年前碳排放达峰行动方案，支持有条件的地方率先达峰。要加快调整优化产业结构、能源结构，推动煤炭消费尽早达峰，大力发展新能源，加快建设全国用能权、碳排放权交易市场，完善能源消费双控制度。要继续打好污染防治攻坚战，实现减污降碳协同效应。开展大规模国土绿化行动，提升生态系统碳汇能力。"

2021 年全国生态环境保护工作会议提出，要在减污降碳方面实施"一体谋划、一体部署、一体推进、一体考核"的机制。同时，为了落实"双碳"目标，相关部门将强化降碳的刚性举措，对高能耗、高排放项目从严管理。

在政策的指引下，制造业的发展导向也更加明确。未来，钢铁、水泥等高耗能、高排放行业的发展空间将受到限制，需要将发展目标转为精细化高质量运作。同时，传统制造业中在技术、产品等方面积极进行创新升级的企业将得到更好的发展。此外，新能源、节能环保等新兴产业能够凭借低碳属性，迎来快速发展。

三、技术进步为绿色制造奠基

技术是绿色制造实现的重要基础，在技术的推动下，企业才能够逐步实现更加深入的绿色转型，生产出绿色产品。当前，已经有不少企业意识到技术在绿色转型方面的重要作用，并进行了积极尝试。

在这方面，科技产业集团 TCL 做出了良好示范。基于"生态优先、绿色发展"的理念，TCL 不断推进其在清洁生产、智能装备等方面的探索，推出了一系列绿色产品。

例如，TCL 华星推出的 FHD（Full HD，全高清）显示器，基于大开口率、加大玻璃基板间隙等特点，实现了 5.6% 的穿透率，相较于同类产品，降低了 45% 的能耗，该产品也因节能环保获得了美国能源部和美国环保署能源之星 ES8.0 认证。

此外，TCL 连续多年积极推进电机能效提升、中央空调系统节能改善等节能减排项目，提高生产过程的能源使用效率，实现绿色低碳生产。例如，TCL 推出的卧室新风空调就是一款绿色低碳的产品，该产品在

"2021年家电绿色低碳发展技术大会"上获得了绿色低碳产品认证。新风空调凭借创新智能变频控制功能，能够实现快速响应、智能调控，减少温度调节导致的能耗；同时，大直径高效风轮、叶型及贯流风道型线优化设计能够大幅提升空调的整机能效。

技术的升级推动了绿色产品的发展，未来，像TCL一样以新技术赋能产品的实践案例将会越来越多。随着技术的进步和更多企业的实践，更加多样化的绿色产品将会出现。

第二节 细分行业如何应对绿色制造

推行绿色制造，提升制造领域的科技含量，不仅能够降低工业生产对环境的影响，还能够开辟新的增长点，实现绿色增长。那么，钢铁行业、煤炭行业、化工行业等细分行业应怎样应对绿色制造？

一、钢铁行业：引入氢能实现碳减排

钢铁行业是经济发展的支柱行业，产业关联度较高，向上可以延伸至冶炼、有色金属等行业，向下可以延伸至家电、铁路等行业。钢铁行业既是耗能大户也是碳排放大户，节能减排是钢铁行业实现碳中和目标的必要手段。

氢冶金是推动钢铁行业绿色低碳发展的重要举措。氢能是一种绿色低碳的二次能源，在高排放的冶金行业，氢能的利用是实现低碳发展的可行路径。氢能可以代替化石燃料用于高炉炼铁、烧结、石灰窑、轧钢

加热炉等生产环节，由此实现低碳冶金。当前，氢冶金技术已经趋于成熟，可以有效改善高炉运行状况，提升能源利用率，减少煤炭使用量，降低碳排放量。

以河钢集团的氢冶金示范工程为例，该项目使用焦炉煤气方式制氢，再用氢气直接还原含铁原料，产出高质量的直接还原铁，其中，焦炉煤气为该企业生产过程中的副产品，本身就含有高比例的氢气成分，是一种直接可利用的氢能源。此外，焦炉煤气中约15%的甲烷也可以通过高温转化生成一氧化碳和氢气。

该氢冶金方式与电炉炼钢流程的结合可以大幅减少二氧化碳排放。和传统的碳冶金方式相比，氢冶金方式每年可以减少排放约160万吨二氧化碳。整个冶炼过程既实现了副产品废气的回收利用，也有效减少了碳排放，实现了企业的绿色低碳新转变。

二、煤炭行业：聚焦绿色转型进行布局

长期以来，煤炭都是我国工业生产的重要能源，因此，形成了我国以煤炭为基础的能源生产格局，但在碳中和背景下，煤炭行业面临着资源压力、生态压力和碳减排压力等多重压力，绿色转型迫在眉睫。在这一趋势下，煤炭企业需要做好三个方面的工作。

1. 提高节能减排水平

煤炭企业应从源头降低能源消耗，减少碳排放。在煤炭开采方面，煤炭企业需要践行绿色开采战略，达到政府部门要求的绿色矿山建设标准。在施工过程中，煤炭企业需要优化施工方案，推进设备的节能改造，实现施工环节的节能降碳。在产品制造方面，煤炭企业需要采用精益生产、敏捷制造等制造技术，推进绿色制造。

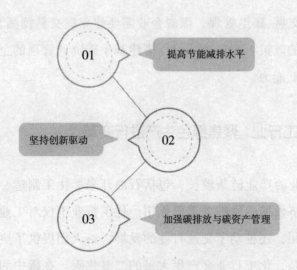

煤炭企业布局的三个方面

2. 坚持创新驱动

绿色转型离不开技术的赋能，煤炭企业需要瞄准产业发展瓶颈，推动技术创新。在煤炭开采方面，企业要推动煤炭绿色开发技术创新，研发无煤柱开采、保水开采等绿色安全开采技术；在煤炭循环利用方面，煤炭企业需要研发新技术，将使用煤炭过程中产生的废弃物变成可利用资源，形成"资源—产品—资源"的循环。

3. 加强碳排放与碳资产管理

煤炭企业需要加强碳排放与碳资产管理。在这方面，煤炭企业需要做好以下三个方面的管理工作：

（1）碳排放核查管理。煤炭企业需要建立碳排放核查体系，通过数字化手段进行碳核查，通过碳足迹实行从原料到产品的全流程监管。

（2）碳减排技术管理。煤炭企业需要开发更先进的减排技术，优化工艺流程、生产管理过程等。

（3）碳交易、碳汇管理。煤炭企业需要建立碳交易预测及对冲机制，研究碳市场的政策、交易模式等，搭建基于碳资产管理的企业运营新模式，提升碳汇能力。

三、化工行业：聚焦绿色生产进行变革

化工行业的产业链条较长，包括石油开采、化工制造、产品销售等流程，在经济发展中发挥着重要作用。化工行业不仅对工业生产起到重要的支撑作用，还推动了交通行业的发展，给人们提供了更加舒适的生活体验，但是，化工行业会产生大量的二氧化碳。在碳中和目标下，碳减排成为化工行业一项紧迫的任务。

碳中和目标下的化工行业呈现以下特点：

（1）用能现状复杂。产业链长、工艺流程复杂，生产过程需要大量资源投入且总能耗较高。

（2）设备能效低。化工行业工艺水平、运维水平有待提升，设备能源利用效率较低、节能改造成本高。

（3）碳排放强度大。化工行业各子行业排放强度较大，在控排行业排名较为靠前，如石油加工及炼焦业、化学纤维制造业等。

（4）碳排放计算难。不同的化工产品碳排放特征不同，碳排放计算的标准也不同，相应的，适用的监管政策也不同，这些都加大了碳排放计算的难度。

上述问题严重阻碍了化工行业"双碳"目标落地。在"双碳"的背景下，化工企业面临诸多压力。一方面，合成氨、炼油等化工产品有很大的减碳空间。从产品方面来说，碳排放量较大的化工产品包括合成氨、炼油、电石等基础化工产品，这些产品是不可或缺的下游产品原料，而在"双碳"背景下，寻找这些产品原料的绿色替代方案迫在眉睫。

另一方面，化工行业需要应对下游行业对原料减碳的压力。对于电子、汽车、食品等面向客户的行业来说，上游化工行业的碳排放占比较高，很多企业纷纷设立了减排目标，倒逼上游的化工行业进行减碳变革。

在"双碳"背景下，绿色化工材料与低碳技术的需求与日俱增。例如，低碳出行趋势下，新能源汽车成为汽车行业发展的主流趋势，推动了对电池技术和石墨负极、聚烯烃类隔膜等相关原料辅材的研究。再如，绿色包装的发展促进了行业对天然材料替代石油基材料的实践。

同时，行业格局不断优化，高耗能项目产能受限，而具备先进碳排放控制能力的化工企业将更具竞争力。一方面，新建高耗能项目的审批越来越严格，通过高耗能项目实现增长的空间被压缩。另一方面，具备先进碳排放控制能力的化工企业则能够凭借技术优势，持续降低能耗，扩大优质产能，行业影响力将持续增强。

从减排路径来看，化工行业的碳减排路径可以从消费侧和供给侧两方面入手。

消费侧

消费减量

· 提高化肥利用率，降低化肥消费
· 禁塑、限塑，提高废塑料、橡胶、合成纤维等的回收利用率

产品高端

· 发展高端产品，提高新材料、专用化学品、高端肥料等的占比
· 炼油行业产品结构调整，提高下游化工产品比例，降低石油比例（"降油增化"）

终端替代

· 发展生物基等材料，替代或部分替代以化石能源为原料的合成材料

化工行业的碳减排消费侧路径

供给侧	
 效率提升	·通过基地化、一体化、集约化水平提升等结构调整 　手段，降低生产能耗 ·通过煤基多联产、一步法制烯烃等技术水平提升， 　降低生产能耗
 燃料替代	·低温、中温过程的燃料电气化 ·生物质、氢能等替代化石燃料
 原料替代	·发展低碳、零碳原料，如可再生能源制氢、生物 　质等，代替化石原料
 末端处理	·发展二氧化碳捕集、利用和封存（CCUS， 　carbon capture，utilization and storage）， 　消除或减少化石能源转化产生的碳排放

化工行业的碳减排供给侧路径

从上图来看，消费侧碳减排的路径表现为降低对高能耗产品的依赖度。一是通过提高效率、回收利用等降低需求；二是使用更绿色、环保的产品替代高能耗产品。供给侧碳减排路径聚焦反应过程和能源消耗，主要以低碳技术实现生产过程的碳减排。

从短期来看，化工行业提高能源利用效率，是最具成效的碳减排举措，包括提升泵、风机、空气压缩机等电机能效，提高热电联产、工业电气化等。从长期来看，化工行业需要通过碳捕集、利用与封存，氢能利用，生物质利用等碳减排潜力更大的新技术来实现碳中和，但新技术的成熟度有待提高，需要更长时间来验证。下面以奕碳科技为例来说明。

在化工行业实现碳中和的道路上，奕碳科技能够为化工企业提供助力，主要体现在以下几个方面：

（1）凭借智能物联、丰富的数据，为化工企业提供碳排放量计算、碳排放路径追踪、碳资产管理等服务，为企业进行低碳减排履约提供依据，满足化工企业降本增效的需求。

（2）为化工企业提供多样化的数据采集方式，助力化工企业进行高效的碳管理；追踪产品生产过程中不同环节的碳排放情况，为化工企业了解生产过程碳排放数据、制定相应的碳减排方案提供依据。

（3）不同化工企业具有不同的碳排放数据统计需求。在这方面，奕碳科技提供时间、空间、排放源等多维度的自定义报表，并根据专业的核算标准和收集的碳排放数据，自动生成图文并茂的企业碳排放报告。

未来，奕碳科技将持续提升技术能力与服务能力，并积极参与化工行业脱碳标准的建设过程。TfS（together for sustainability，共同实现可持续发展）组织是一个由跨国公司从采购端联合发起成立的全球性行业组织，其在可持续发展，包括化工产品碳足迹等方面，进行了诸多探索，如制定化工行业碳足迹指南。

该组织的目的有两个：一是将碳足迹数据披露加入供应商准入体系，推动碳足迹计算等相关工作，增强上下游供应商的透明度；二是提高数据库的规范性，建立化工行业的碳足迹计算标准，积极参与全球的碳足迹计算工作，提高相关标准的国际影响力。

奕碳科技下一步将积极参与到 TfS 核心企业的碳足迹计算工作中，与其他成员企业共同制定化工行业脱碳标准。

四、鞍钢：坚持节能减排，拥抱碳中和

钢铁是制造行业的碳排放量大户，而鞍钢则是我国北方最大的钢铁工厂。在碳中和背景下，鞍钢积极响应碳中和号召，坚定不移地朝着绿色低碳可持续发展的方向前进，打造绿色钢厂。

近年来，鞍钢的能源管控中心一直大力压减动力煤消耗，2020 年

压减为 6.7 万吨，2021 年减压到 1 万吨，2022 年底实现动力系统的"零煤耗"。对于钢厂而言，动力系统的"零煤耗"十分难达成，如今却成为现实，这凸显了鞍钢持续的投入与实现碳中和的坚定决心。

在给水方面，鞍钢利用压减管网实现了节能降耗。此外，鞍钢还对各工序用水进行了细致的研究，对可以二次利用的用水进行了回收。例如，烧结区治水站的水还可用于混烧结料。

鞍钢的能源管控中心安装了电力调度系统，该系统可以对本部的电网进行集中监控和远程监控，同时，还具有电力成本分析等功能，能够对能源进行集中智能管控。在该系统的作用下，鞍钢的二氧化碳排放量显著下降，经济效益、社会效益和环境效益显著提高。

在技术研究上，鞍钢开展了低碳路径研究，全面分析鞍钢生产全流程的碳足迹，并分析碳排放的痛点，逐个击破。鞍钢还与研究所、高校签订了协议，共同研发"绿色氢能冶金工艺技术"，推动"以氢代焦"尽快实现。

在碳中和的大背景下，鞍钢一步一步朝着"成为首批实现碳中和的大型钢铁企业"的目标努力，步伐坚定，未来可期。

第三节　以技术助力绿色制造

依托人工智能、大数据等先进技术，工业运作能够实现智能化、低碳化。工业互联网、工业大数据等是推动智能制造、绿色制造发展的核心技术，在这些技术的助力下，"绿色 + 智能"将成为工业制造领域新的发展趋势。

一、工业互联网：推动制造业智能转型

工业互联网是一种新的工业生产模式，它通过人、机器、物的互联，实现工业生产要素、产业链、价值链之间的连接。传统工业生产的生产效率较低，对人力的依赖程度较高，而工业互联网能够集合各种生产数据，对数据进行综合分析，为企业的生产决策提供依据。

工业互联网在制造领域的深度应用，将带来制造业生产方式、商业模式等的深刻变革。工业互联网对于制造业的意义主要体现在三个方面。

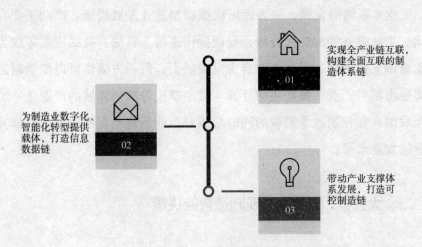

为制造业数字化、智能化转型提供载体，打造信息数据链
02

实现全产业链互联，构建全面互联的制造体系链
01

带动产业支撑体系发展，打造可控制造链
03

工业互联网对于制造业的意义

1. 实现全产业链互联，构建全面互联的制造体系链

工业互联网能够帮助原有制造体系打破时间、空间的限制，为跨企业、跨区域的网络化协同发展奠定基础。借助工业互联网，更广范围的协同研发、生产、营销等成为可能，这有利于各种创新资源与制造资源的高效匹配，优化产业协作模式，提升资源使用效率。

2. 为制造业数字化、智能化转型提供载体，打造信息数据链

工业互联网平台能够使制造业搭建集数据采集、分析于一身的服务体系，这一方面有助于形成智能化生产、预测性维护、资产优化等新生产方式，带动产业链降本提质增效；另一方面有助于推动基于数据的创新发展，催生制造新模式和新兴业态。在工业互联网平台的助力下，平台经济、共享经济等将在制造业发展壮大，推动制造业产业链的延伸，提升产业链价值。

3. 带动产业支撑体系发展，打造可控制造链

工业互联网的发展，一方面可以推动制造业发展提速，推动工业自动化、工业设备等的迭代升级，促使操作系统、算法、数据资源等成为产业通用支撑要素，提升产业自主发展能力；另一方面也可以推动制造业裂变出新兴产业，推动边缘计算、数字孪生等新兴领域的产业化。工业互联网在弥补制造业短板的同时形成对产业新链条发展的指引，提升产业链发展水平。

二、大数据：以数据实现制造智能决策

工业互联网在运行的过程中，将产生海量的数据。大数据技术不仅可以实现对海量数据的收集，还可以对这些数据进行分析，得出分析结果及解决方案。大数据技术可以应用到工业生产的多个环节，完成多项工作。

1. 设备故障分析、预测

在生产线中，生产设备持续受到的振动冲击会导致设备磨损老化，导致设备容易产生故障。而当企业发现设备出现故障时，可能已经生产

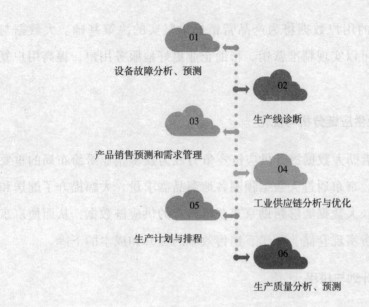

设备故障分析、预测

生产线诊断

产品销售预测和需求管理

工业供应链分析与优化

生产计划与排程

生产质量分析、预测

大数据在工业场景中的应用

了很多不合格产品，甚至整个设备已经崩溃停机，从而给企业造成巨大损失。如果能在故障发生前预测故障，提前维修、更换可能出现问题的零部件，就可以延长设备的寿命，避免设备突然故障对生产线造成严重影响。

2. 生产线诊断

现代化的工业生产线中安装有大量的小型传感器，可以检测整条生产线的温度、压力、振动、噪声等，而且传感器每隔几秒就收集一次数据，从而形成庞大的数据库，这些数据可以帮助企业进行多角度分析，如能耗分析、质量事故分析等，全面诊断生产线的情况。

3. 产品销售预测和需求管理

用户与企业之间的交互、交易行为能够产生大量数据，挖掘和分析这些数据，能够帮助企业了解用户需求，推出更符合用户需求的产品。

同时，海量的用户数据将为产品营销提供坚实的决策基础。大数据与营销的结合可以实现精准营销，帮助企业更好地服务用户，提高用户复购率。

4. 工业供应链分析与优化

当前，借助大数据提升供应链竞争力成为众多企业纷纷布局的重要方面。例如，京东通过大数据预测各地商品需求量，大幅提升了配送和仓储的效能。大数据能够帮助京东获得丰富的供应链数据，从而使京东凭借数据分析实现仓储、配送、销售效率的提升和成本的下降。

5. 生产计划与排程

制造企业往往采取的是多种类、小批量的生产模式，其中会产生大量精细化数据，数据体量暴增给企业合理安排生产带来了挑战。而大数据可以实现数据的整合和优化，使企业能够通过智能算法制定科学的生产方案，并能够监控生产计划和实际生产的偏差，从而动态调整生产计划。

6. 生产质量分析、预测

在工业生产中，设备失灵、人员疏忽、原材料差异、环境变化等因素都有可能导致产品质量出现偏离，引发产品缺陷，给企业带来损失。而大数据可以针对整个生产链进行质量分析，减小生产中的质量误差。同时，大数据也能够打通质量与设备、人员、原材料、环境等各种数据间的连接，聚焦质量管理进行全面的数据分析，帮助企业提高产品质量。

三、"绿色＋智能"：工业制造发展新趋势

在碳中和目标未提出之前，智能技术就已经在工业场景中实现了落

地应用。智能技术大幅提高了工业生产效率，智能化成为工业发展的主要方向。而在碳中和目标提出后，绿色生产成为工业制造领域发展的新方向，二者共同推动传统制造业朝着绿色智能制造的方向转变。

绿色智能制造是碳中和目标实现的需要，也是绿色制造发展的必然选择。绿色智能制造更加贴合制造业发展的要求。国家在规划制造业发展时强调了绿色智能制造的重要性，要求各个制造企业加大节能环保技术的研发力度，构建清洁、低碳的绿色制造体系。下面以晶澳为例来说明。

在绿色化与智能化协同方面，晶澳起到了良好的示范作用。

在绿色化方面，晶澳基于"环境友好，节约减排，高效持续发展"的理念，将低碳绿色制造发展成自己的特色。

在生产基地中，晶澳利用闲置空地安装小型光伏电站，发展清洁电力，以减少二氧化碳的排放。此外，晶澳始终严格遵守废水处理的排放标准，安装废水治理设施，优化废水处理工艺，保证二氧化碳符合国家排放标准。基于以上工作，晶澳在绿色制造方面取得了一定成就，晶澳宁晋基地、邢台基地、包头基地等多个基地获得了工信部授予的"绿色工厂"称号。

在智能化方面，晶澳紧紧跟随智能制造的潮流，以智能化升级加速企业转型进程。在硅片生产环节，晶澳生产基地依托生产分析系统，实现了对生产的实时监控和自动预警。在电池生产环节，晶澳生产基地依托产品质量分析系统，收集全部生产数据，搭建完善的质量管理体系。在电池生产设备方面，晶澳使用了多种高度自动化设备，实现了智能运作和监控。得益于高度智能化的生产制造体系，晶澳于 2021 年入选工信部"智能光伏试点示范企业"名单，其义乌基地获得了浙江省"智能工厂"称号。

未来，在绿色化、智能化协同发展的趋势下，绿色智能制造将成为更多制造企业前进的方向，从而推动整个制造业的变革。

第十章

绿色农业：打造低碳农业产业链

农业也是实现碳中和的重要阵地，在碳中和的助推下，传统农业将向着绿色农业转变，农业产业全链条将实现低碳化发展。绿色农业可以助推农业可持续发展，是乡村振兴的一大驱动力。

第一节 传统农业向绿色农业转型成为趋势

当前，随着碳中和目标的推进和人们可持续发展意识的提高，传统农业向绿色农业转型成为农业发展的主要趋势，这既可以保护农业生态环境，提高农产品质量，保障食品安全，也可以助推乡村振兴，提高农村经济水平和农业生产效率。

一、绿色农业保障食品安全

食品安全一直是人们关注的重点话题。相较于传统农业，融入先进生产技术、追溯技术的绿色农业更能保证农产品质量，保障食品安全。

为了提高产量，使农产品看起来更可口，传统农业生产过程中可能使用过量的化肥和农药，这些化肥和农药一旦被农产品吸收，就很难被去除，而这些有害物质最终会汇聚到人体内，危害人们的生命健康。而绿色农业倡导使用有机肥、科学施肥，严控农药使用次数与剂量，能够最大限度地减少农产品在生长过程中受到的污染。

此外，还有一些传统农业难以预防的病虫害会使农产品减产或感染病菌，一旦将其制成食品，最终受到伤害的还是人类自己。例如，美国曾有一款名为 Maradol（马拉多尔）的木瓜造成了严重的沙门氏菌疫情，短短十几天就有 170 多人被感染。虽然已经知道出现问题的木瓜来自哪里，但没有办法追踪销售出去的木瓜并召回，导致被感染的人越来越多。

但是在绿色农业中，相关部门和生产商可以通过大数据等技术的应用，采集相关数据，加强农产品供应链管理，从源头保证农产品的安全，防止食品安全问题的发生。例如，很多生产商都会在农产品外包装贴一个二维码，消费者只需要扫描二维码就能够获得生产基地照片、农产品生产流程、生产商资质、农产品检验报告等信息。一旦食品出现问题，消费者就可以进行快速追责。例如，盒马鲜生"日日鲜"系列农产品就采取了这一措施，让消费者能够购买到放心、安全的食品。

除了以上措施外，绿色农业还加大了动植物检疫力度，严控外来病虫害疫情输入；同时，注重病虫害监测预警，建立科学观测站，将病虫害疫情扼杀在"摇篮"中，严格保障食品安全。

二、绿色农业助推乡村振兴

乡村振兴是乡村发展的重要战略，其目的是建成"产业兴旺、生态宜居、乡风文明、治理有效、生活富裕"的新乡村。当前，不少乡村积极进行废弃物循环利用、家畜粪便治理等方面的尝试，通过发展绿色循环生态农业，为乡村振兴注入活力。

首先，土地抛荒、土地流转进度缓慢等问题严重阻碍乡村的发展进程。而绿色农业倡导可持续发展，提倡人与自然和谐相处。绿色农业采取科学利用土地的措施，例如，第一年种植玉米的耕地在第二年可以种植白菜，第一年种植红薯等根茎类作物的耕地在第二年要多施肥。同时，绿色农业倡导有效利用土地，例如，发展旅游业的乡村可以将部分土地用于旅游开发。

其次，由于城镇化和人口老龄化的影响，乡村人口大量减少。同时，教育资源匮乏导致乡村居民的知识层次低、创新能力弱，缺乏高素质人才。而绿色农业通过招商投资、设立大量工作岗位，吸引大批流出人口回流，带活乡村经济。例如，建设智能大棚、发展乡村旅游等措施，都能够创设大量就业岗位。

最后，传统乡村生活的品质不高，日出而作、日落而息是很多乡村居民生活的全部。而绿色农业要建设完整的农业产业链，为乡村发展提供产业支撑和方向，促进乡村经济发展。例如，四川省通江县的熊某返乡创业，利用闲置耕地带领村民打造葡萄园，最终建成了年产千吨的葡萄酒生产线，打造了产、供、销三位一体的产业链，带领村民脱贫致富。可以说，乡村振兴离不开绿色农业。

三、动物养殖场景中的碳中和实践

动物养殖业是碳排放的主要来源之一，不仅牛、羊等反刍动物会产生温室气体，其所食用的饲料在种植、加工过程中也会产生许多温室气体。企业可以在动物养殖场景进行节能减排，以实现碳中和目标。

要想减少碳排放，首先就要从动物养殖和饲料的生产及使用方面入手。例如，某牧场采用先进的人工智能技术管理牛群，能够提高牛的生产性能和单产水平，减少温室气体的排放。相关研究发现，当牧场中出现人类时，牛会感到紧张，会对牛肉、牛奶等农产品的产量、质量产生负面影响。而如果采用人工智能技术管理牛群，养殖者即使不出现在牧场中，也能够准确获知牛群信息。

通过智能牛脸识别，人工智能能够轻松锁定每一头牛的位置，经过深度学习后，人工智能还能够分辨牛的情绪状态、进食状态和健康情况等信息。一旦某头牛出现了问题，人工智能能够及时地向养殖者发出提醒，使问题及时地得到处理。

荷兰人工智能创业企业 Connec Terra 开发的智能奶牛监测系统以谷歌的开源人工智能平台 Tensor Flow 为基础，利用智能运动感应器

Fit Bits（追踪者）获取奶牛的运动数据，从而分析每头奶牛的健康状况，提高单位产奶量。

除此之外，作为动物养殖业的另一主要碳排放来源，饲料的生产与使用也必须进行优化，提高饲料的转化率，最大限度地减少资源浪费和污染。例如，每头奶牛原本吃 5 千克普通饲料才能生产 1 千克牛奶，但是在改良牧草品种后，加工出的饲料富含奶牛产奶所需的营养物质，每头奶牛只需要吃 3 千克饲料就可以生产 1 千克牛奶，大幅减少了资源浪费，提高了饲料的使用效率。

第二节　体系搭建：建设绿色农业体系

想要推进绿色农业的发展，就需要建设完善的绿色农业体系，推动绿色农业朝着规范化、标准化的方向发展。搭建体系的过程，需要做到减少农业污染、耕地保护，并打造低碳农业产业链，做到高速发展与绿色发展并行。

一、科学施肥，减少农业污染

化肥与农药可以提高农作物的产量，但过度使用则会造成环境污染，产生土质恶化、肥力下降等问题，并由此造成农作物产量降低。由于农作物产量、质量的下降，农民会陷入"使用大量化肥、农药—农作物产量、质量下降—继续使用大量化肥、农药"的恶性循环，严重破坏生态环境。

传统农业使用的农药主要包括以下三种：

（1）有机磷类农药。有机磷类农药含有磷元素，对于防治病虫害十分有用，但它同时也是一种神经毒物，一旦人体吸收过量，就会引起语言失常、神经功能紊乱等中毒症状。

（2）拟除虫菊酯类农药。拟除虫菊酯类农药是一种毒性较大的杀虫剂，能够经由皮肤、呼吸道等进入人体，导致呼吸循环系统衰竭。

（3）有机氯农药。有机氯农药含有有机氯元素，它可以囤积在人体脂肪中，能够通过母乳传给婴儿引发病变。

而工业化肥中含有的多种有毒元素都可以经由水、气体等进入人体，并囤积在某个部位无法排出，一旦蓄积量达到中毒标准就会造成不可挽回的后果；除此之外，这些有毒物质还会渗入土壤、水源，破坏生态系统，引起动植物病变或死亡。

而绿色农业则倡导科学施肥，通过对不同区域的土壤进行分析，以及根据农作物种类的不同，配比氮、磷、钾等元素的用量，平衡施肥，提高农作物产量。同时，绿色农业还提倡使用有机肥，因为有机肥的本质是有机质，在加工过程中已经除去了有害物质，所以有机肥能够为农作物提供全面的营养，还可以改善土质。此外，在施用复合肥之后，为了平衡肥料中的养分供应，农民还可以继续适量施用微量元素，提高农作物产量。

二、保护耕地，改善耕地质量

耕地是农业生产中的重要资源，在保障粮食安全方面发挥着重要的作用。我国人多地少，人均耕地较少，耕地质量有待提高。面对有限的耕地，我国应该严格执行耕地保护措施，提高单位面积的综合产能。

无论是在传统农业还是现代农业中，耕地都是农业生产中最重要的资源。我国用占世界耕地面积 9% 的耕地养活了世界上 20% 的人口，因此，我国要坚守 18 亿亩耕地红线，严格执行耕地保护措施，不仅要稳定耕地数量，还要提高耕地质量。

很多被闲置的耕地要么是由于先天自然条件差，如土壤肥力低、地形陡峭等，导致被闲置，要么是由于曾经遭受过污染被闲置，针对这两种情况，乡村可以采取以下措施：

（1）针对自然条件差的耕地，首先，可以依据其缺陷有针对性地进行改善，如治理水土流失、植树种草巩固土壤等；其次，要依据国家标准来建设闲置耕地；最后，种植闲置耕地必须遵循科学的方法。

（2）针对被污染的耕地，首先，要依据前期调查制订有针对性的修复计划，不要盲目修复；其次，通过政府和社会等多种途径来募集修复资金；最后，从可持续发展和绿色生态角度入手，聘请专业人员修复耕地，使被修复耕地最终能够达到正常耕地的水平。

乡村中，还有很多出于各种原因被闲置的宅基地，对于有条件复垦的闲置宅基地，可以按照相关流程恢复其耕地性质，按照要求开展复垦工作，建设配套设施，按照因地制宜的原则经营复垦耕地。

而对于没有复垦条件的闲置宅基地来说，乡村一方面可以将其作为农家乐、民宿等经营场地，开展多样化经营，为村民创收；另一方面可以拓展其招商引资的融资功能。

无论怎样，我国都要上下一心，坚守 18 亿亩耕地红线，当然，这18 亿亩不仅是普通的耕地，还要是高质量的好耕地。

三、从多方面入手，搭建低碳产业链

低碳农业是低碳经济的重要组成部分，发展低碳农业，需要着重搭建低碳农业产业链，全面拓展农业绿色发展空间，推动农业向着低碳、绿色的方向发展。搭建低碳农业产业链，需要从加大绿色农产品供给和降低农业碳排放量两个方面入手。

1. 加大绿色农产品供给

近年来，我国出台了一系列政策，主要目的都是推进农业绿色发展。首先，加大财政资金支持力度，让每一分钱都花到实处；其次，重点支持农作物的绿色高效生产，保护耕地，提高耕地质量；再次，加快农业废弃物的循环利用，实现种植业、渔业、牧业、林业等全方位资源循环利用；最后，加快引进高素质人才，用互联网、物联网等先进技术为传统农业赋能，不断突破农业发展技术瓶颈，优化农业产业链管理模式，生产能够满足市场需求的绿色农产品。

例如，盒马旗下的有机山茶油就率先实现了碳中和目标，是全国首个山茶油碳中和产品。盒马有机山茶油的原材料在种植过程中不使用化学肥料和农药，坚持使用有机肥及特殊肥料；在采摘、加工过程中，采用先进的数字化设备，最大限度地降低碳排放量；最终使有机山茶油消耗的温室气体与产生的温室气体达到平衡，实现真正的零碳排放。

2. 降低农业碳排放量

农业是全球碳排放第二大来源，主要包括：农业生产活动中的化肥、农药等物品的使用；畜牧业中动物自身所产生的甲烷等温室气体以及饲料生产、使用过程中产生的多余碳排放量；耕地土壤中释放的含氮气体、水稻等作物产生的甲烷；农业废弃物处理过程中所产生的碳排放量，如焚烧秸秆等。

而利用各种先进设备和大数据分析，可以有效针对各种动物在生长过程中出现的问题提供专属饲料，使动物在活动过程中减少温室气体排放，同时提高饲料的效率，进一步完成动物养殖效率和优质养殖之间的平衡，通过这一系列精准畜牧养殖工具及技术的使用，打造全流程低碳畜牧业产业链。

第三节　农业电商：打造农产品流通体系

随着数字化技术的不断发展，我国农业应该紧抓数字化发展机遇，利用数字化技术赋能农业电商，打造独特的农业品牌，进一步改善农产品流通体系，推动农业电商高质量发展。

一、三大要点，备战农业电商

电商行业的大力发展也为农业带来了希望，农民可以在电商平台售卖商品，实现农产品"走出去"。但是对于许多农民来说，务农占据其生活的很大部分，几乎没有接触过互联网，也不会运营电商，那么零基础的农民该如何做好农业电商呢？

1. 选择合适的平台

对于销售农产品来说，电商的成本更低，同时还能扩大销售范围，不受时间和空间的限制，而且，电商广告营销方式多种多样，更容易吸引消费者。那么农业电商运营者究竟该怎样选择合适的电商平台呢？

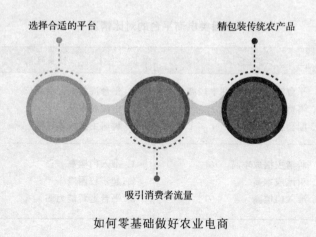

选择合适的平台　　　　　　　　　　精包装传统农产品

吸引消费者流量

如何零基础做好农业电商

　　首先，对比综合类电商平台。综合类电商平台客源多、流量大、商品种类齐全，以淘宝、京东为例，具体见下表。

综合类电商平台的对比情况

	淘宝	京东
优点	1. 财力雄厚，基础设施完善 2. 大品牌多，流量大 3. 准入门槛较低	1. 自营商品有厂商返利 2. 能够通过货款账期获利 3. 可与供货商议价 4. 京东自有物流保障物流时效性
缺点	1. 卖家多，竞争激烈 2. 推广和运营成本高 3. 商品品控有待加强	1. 商品种类较少 2. 毛利率较低 3. 没有其他领域业务支持

　　其次，对比直播类电商平台。相较于综合类电商平台，直播类电商平台的引流能力更强，提供的服务更加个性化。以受众较为广泛的淘宝直播和抖音直播为例，具体见下表。

直播类电商平台的对比情况

	淘宝直播	抖音直播
优点	1. 平台流量大，毛利率较高 2. 消费者转化率高 3. 配套服务完善	1. 平台流量大，受众广 2. 引流成本低 3. 聘请主播成本较低
缺点	1. 聘请主播成本高 2. 引流成本高 3. 准入门槛高	1. 准入门槛高 2. 起步较困难 3. 平台运营能力弱

最后，对比社交类电商平台。相较于其他两种平台，社交类电商平台传播范围更广，影响力更大。以拼多多和小红书为例，具体见下表。

社交类电商平台的对比情况

	拼多多	小红书
优点	1. 准入门槛低 2. 下沉市场用户多 3. 消费者裂变速度快 4. 支付方便 5. 腾讯对其大力支持	1. 主打用户体验分享，口碑好 2. 引流费用较低 3. 入驻大品牌和明星较多 4. 目标消费者群体明确
缺点	1. 商品品质良莠不齐 2. 活动五花八门 3. 监管有待完善	1. 准入门槛高，非企业不能入驻 2. 对商品的质量严格把关

2. 吸引消费者流量

运营是做好农业电商的关键，因为无论选择哪个电商平台，最终都需要吸引消费者购买自己的商品。运营的本质实际上就是吸引消费者，增加消费者流量，那么该如何吸引消费者呢？

填充内容引流

填充产品引流

优化用户体验

拓展引流渠道

加强物流配送

如何吸引消费者流量

（1）填充内容引流。农业电商运营者要做好电商官网的内容建设，并且要制定运营制度与流程，例如，年目标、月目标和周目标分别是什么，以及如何实现这些目标；同时，还要重点关注各种促销活动，将促销活动的优势发挥到最大。

因此，农业电商运营者需要充分了解团队所拥有的资源，同时要结合自身实际情况与市场竞争情况，注意同行业竞争者的举动，从短期和长期的角度出发制定多套引流方案。

（2）填充产品引流。农业电商运营者要及时制订产品更新计划，并且要做好充分的市场调研，对尾货处理、季末销售等做好详细的规划，同时跟进农产品的销售情况，以此制定库存管理方案。

（3）优化用户体验。农业电商运营者要定期优化网站的效果，提升消费者的使用体验。如果消费者付款时需要等待一两分钟，那么消费购买体验不会很好，影响销售结果。优化用户体验的主要目的是让消费者自发地为产品、品牌做宣传，吸引更多流量。

（4）拓展引流渠道。农业电商运营者要积极与其他线上、线下平台开展合作，通过多种联动达到引流目的。

（5）加强物流配送。农业电商运营者需要和不同的物流公司洽谈，以确定适合合作的最佳对象，只有这样才能够搭建配送效率最高的配送体系。

农业电商运营者可以从打包发货、物流跟踪、配送时效等方面入手，结合消费者的反馈信息不断优化物流配送流程，给予消费者良好的购物体验，提升消费者回头率。

3. 精包装传统农产品

俗话说，人靠衣装马靠鞍。很多人认为农产品就是沾满泥土、随便装在塑料袋子里的初级产品，实际上，农产品在精包装之后也能够成为高端产品。

农业电商运营者需要注意农产品包装的风格、颜色与图案，例如，高纯度、鲜艳、明快的颜色更受消费者喜爱，特别是在节日期间很受欢迎，但农业电商运营者也要注意包装的风格，不要过于花哨，没有档次。同时，农业电商运营者还要注意包装的材料与工艺，尽可能选择可回收、可降解的绿色包装，向消费者传达绿色、环保的理念，提升消费者对农产品的好感度。

二、三大步骤，打造农业品牌

农业电商的市场逐渐饱和，产品趋于同质化。农业电商运营者想要在激烈的市场竞争中赢得一席之地，就需要打造独特的农业品牌，吸引消费者。

1. 挖掘地方特色

我国地域辽阔，每个地方各有特色，农业电商运营者可以充分挖掘地方特色，将地方特色和自己的品牌结合起来，进行艺术化加工并通过

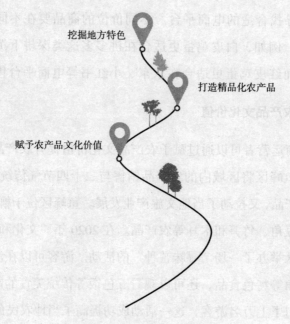

挖掘地方特色

打造精品化农产品

赋予农产品文化价值

打造独特的农业品牌的步骤

网络传播出去，传递给潜在消费者。例如，某乡村的定位是江南水乡古镇，乡村中的农业电商运营者就可以在产品宣传内容中突出产品具有地方特色、质优价廉。

2. 打造精品化农产品

首先，消费者愿意为农产品付出高价的前提是他们认为值得。试想普通的苹果怎么能够卖出 40 元 / 斤的高价？如果是精心包装的高质量苹果礼盒，几百元的价格也会有人买单。高档的农产品通常具有健康、美味、包装精美的特点。

其次，将农产品品类进行细分，钻研某一细分品类才能更好地和其他竞品拉开差距。例如，鸡蛋分为红皮鸡蛋、白皮鸡蛋，前者壳厚、个大、易储存、颜色喜庆，常被用于送礼，因此价格较高；后者个小、壳薄、易煮熟，因此常被消费者买来供自家食用。

最后，寻找合适的电商平台。不同价位的商品要在不同档次的电商平台中售卖。例如，白皮鸡蛋更适合在拼多多这类深耕下沉市场的电商平台销售，而红皮鸡蛋更适合在京东、小红书等电商平台售卖。

3. 赋予农产品文化价值

农业电商运营者可以通过赋予农产品文化价值提升农产品的档次。例如，柳州市鱼峰区将区域内的农产品销售与二十四节气传统文化相结合，既卖出了农产品，又拉动了当地文旅产业发展。鱼峰区位于柳州市东南部，区域内生产豆角、竹笋和木耳等农产品。在2020年"文化和自然遗产日"当天，鱼峰区举办了一场"寻味芒种"的活动。游客可以在渔船中品尝糯玉米、酸豆角等特色食品，还可以观看五色饭等传统美食的制作过程，有趣的活动吸引了上万名游客，这一活动成功提高了当地农民的收入。

农业电商运营者还要善于利用多种营销方式，在互联网时代将自家特色农产品推广出去，吸引潜在消费者慕名而来。例如，"××桃子姐"的账号博主原本是一个普通的农村妇女，其弟弟将她日常劳作、做饭的视频拍下来，剪辑后上传到网上，吸引了众多粉丝。"桃子姐"顺势推荐大头菜、钵钵鸡调料等农产品，深受粉丝喜爱。"桃子姐"还带动了全村的农产品销售，很多农产品加工厂找上门来与她洽谈生意，为村民增加了不少收入。

三、各环节流程优化，加快农产品流通

农产品流通是农业电商中十分重要的一环，指的是农产品通过交易从生产领域进入消费领域的过程。为了能够进一步改善农产品流通体系，提升农产品的流通效率，一个新型职业——农产品经纪人由此诞生。

农产品经纪人主要负责关注农业生产状况和农业市场需求，是连接农民和市场的桥梁。农产品经纪人背后是农产品流通企业，这些企业在

保证农产品稳定、高效流通和农产品质量方面作出了巨大贡献，对推动绿色农业发展、乡村振兴有着重要作用。

很多消费者通过电商平台购买农产品是为了吃到新鲜的食物，因此加速农产品流通十分重要，特别是对于一些含水量高、保鲜期短的农产品来说，时间就是质量。相关数据显示，我国农产品在物流环节的损耗率高达30%，因此进一步改善农产品流通体系势在必行。

农产品流通企业必须不断升级物流技术，进一步提升运输效率。农产品流通企业可以通过人工智能、物联网、5G等先进技术对农产品的整个流通过程进行全方位监测和追踪，降低农产品损耗率。同时，农产品流通企业还要对冷藏设备进行升级，优化运输路线，力求在最短的时间内将新鲜的农产品送到消费者手中。

除了物流运输环节外，农产品的采摘与存储环节对于完善农产品流通体系也至关重要。种植业经营者可以通过智慧大棚、高机械化收割机等设备提高农产品的收获率，减少种植、采摘过程的损失。畜牧业养殖者可以使用智能设备提高生产率，例如，使用挤奶机器人挤牛奶，显著提高原奶生产效率。

在存储环节，农业电商运营者可以使用低温绿色冷藏设备，这样既能够保持农产品的新鲜度，也能够减少冷藏设备的损耗。并不是冷藏温度越低越有利于保持农产品的新鲜度，农业电商运营者可以使用能够智能调节温度的设备，将最新鲜的农产品送到消费者手中。

农业电商实际上是利用互联网在种植户、养殖户等农产品生产者和消费者之间搭建一座桥梁，减少中间商环节，这是农产品流通领域的重大变革，能够实现买卖双方的双赢。

目前，我国农业电商主要包括网上期货交易、期权交易、农产品网络零售与批发、农产品线上展销会等形式，每一种交易模式都离不开农产品流通体系，因此，进一步完善农产品流通体系任重而道远。

第十一章

绿色金融：碳中和指明金融创新路径

　　绿色金融是低碳时代的重要工具和金融体系，为实现碳中和目标提供了重要支撑，因此，企业需要着力发展绿色金融，使碳中和与绿色金融二者互相成就、共同促进。

第一节　绿色金融为碳中和提供支撑

绿色金融能够赋能碳中和目标的实现，可以为碳中和提供融资、风险管理等方面的支持，企业应该加快构建绿色金融体系，推进碳中和发展。

一、重要意义：助推碳中和与经济发展

绿色金融指的是将金融机构、金融工具与绿色低碳、可持续发展相结合的金融活动。从长远来看，绿色金融对于社会发展具有重要意义，其战略意义主要体现在以下两个方面：

一方面，绿色金融是实现碳中和目标的关键支撑。当前，气候变暖已经成为社会发展的重要挑战，而绿色金融是减缓气候变暖的重要手段。绿色金融可以引导资金流向开发资源节约技术、保护生态环境的产业，引导企业重视绿色生产。随着绿色发展理念的明确，绿色金融基础设施的完备，绿色金融体系不断完善，例如，绿色信贷、绿色证券等都得到了发展。

绿色金融是深化供给侧结构性改革的重要内容。碳中和是一项长期、系统的工作，深化金融供给侧结构性改革，发展绿色金融，是实现碳中和目标的关键途径。绿色金融是实现金融改革的重要手段，它肩负着提高现代金融体系适应性的责任，同时能够为探索绿色道路和新的经济增长点汇聚强劲动力。

161

另一方面，绿色金融有助于推动社会经济的发展。当前，我国经济处于高质量发展阶段，需要提供多样化的优质生态产品，满足人们对优美生态环境、生态可持续发展的需要，这需要推动经济发展方式转型，优化产业布局，提升发展效益，形成以绿色创新为主的现代产业体系，而这离不开绿色金融的协助，需要通过对绿色金融发展目标、机制的深度改革，满足社会新的发展需要。

同时，绿色金融有助于提高社会治理能力。金融是经济社会发展的基本要素。在经济社会中，金融是重要的媒介，可推动社会经济的运行。绿色金融能够调节人与生态环境之间的关系、经济生产过程，这既可以降低经济社会的治理成本，又可以提高社会环境治理效率。

总之，绿色金融能够在社会生态、社会经济运行中发挥重要作用，在推动碳中和目标实现和社会经济发展方面具有重要意义。

二、多方参与，加速构建绿色金融体系

绿色金融能够在促进经济发展的同时实现环境保护，具有十分重要的经济意义与生态意义。实现绿色金融需要政府、监管机构、金融机构等多方参与。具体而言，绿色金融体系的构建离不开五个要素。

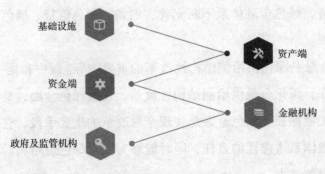

构建绿色金融体系的要素

1. 基础设施

绿色金融体系的基础设施包括以下几个方面：

（1）标准与数据基础。清晰的、分级的绿色认证标准，健全的认证及追踪流程、信息披露机制。

（2）绿色数据采集基础设施。完善的绿色数据采集基础设施能够实现对绿色资产的认证、评级、监控。

（3）交易平台。以平台打通跨境资金绿色投资通道，实现境外资金和绿色资产的对接。

2. 资产端

基于完善的基础设施，优质的绿色企业或项目能够被有效识别。同时，通过完善的绿色追踪机制，绿色资产也能够得到监控。

3. 资金端

金融机构凭借自身投融资能力，调动各类主体和多种长期低成本资金进入绿色金融领域。长期低成本资金包括国家财政资金、政府补贴、金融机构的低成本资金、商业金融机构（银行、证券、基金等）的长期资金、个人投资者的零售资金等。

4. 金融机构

金融机构凭借强大的产品能力，可通过绿色信贷、绿色债券等多种投融资解决方案，为实体经济提供服务，同时把控风险，提升综合收益。

5. 政府及监管机构

绿色金融体系离不开政府及监管机构的支持。资产端、资金端、金融机构端都需要相关政策的支持，也需要监管机构的监管。

三、挑战与机遇：金融机构怎样布局绿色金融

绿色金融作为实现碳中和目标的重要抓手，将得到大力发展。在发展绿色金融的过程中，挑战与机遇共存。

从挑战方面来看，实体经济在进行绿色低碳转型时，可能会形成大规模的"搁浅资产"，导致金融机构面临资产估值下降或成为坏账的风险，加大金融风险防控的压力。从机遇方面来看，碳中和战略能够催生新模式，产生巨大的绿色项目投融资需求和金融服务空间，基于此，与碳中和战略相关的绿色金融业务将快速发展，迎来新的增长点。

绿色金融具有巨大发展空间，金融机构可以从以下四个方面进行布局：

（1）强化战略指导作用，强化绿色发展的制度保障。金融机构需要积极践行 ESG（environmental social and governance，环境、社会和公司治理）理念，将实现碳中和目标作为重要战略，持续完善绿色金融体系，提升业务治理、风险治理水平。

（2）提升对绿色产业的支持力度，推动产业绿色化。金融机构需要积极进行绿色金融研究，推动资金流向绿色建筑、绿色交通等绿色产业，不断提升绿色资产比重，为碳中和目标的实现提供助力。

（3）加快服务模式创新，升级绿色金融服务能力。金融机构需要积极探索绿色金融产品、服务模式等，围绕绿色场景打造全流程绿色金融服务体系，强化体系化的绿色金融服务能力。

（4）积极参与碳市场建设。金融机构需要探索碳排放权抵质押融资、绿色债券、碳资产证券化等碳市场相关金融产品，为构建多层次碳金融市场提供助力。

当前，在提升绿色金融服务能力方面，不少金融机构已经开始实践。以浦发银行为例，作为上海的一家金融旗舰企业，浦发银行始终将自身发展战略与国家战略融在一起，基于碳中和战略，浦发银行积极推进碳中

和转型，打造绿色银行。同时，在绿色金融体系搭建方面，浦发银行成立了绿色金融业务推进委员会，积极提升绿色金融业务服务质量和效率。

在碳中和趋势下，未来，将有更多金融机构瞄向绿色领域，打造多样化的产品，加速自身向绿色金融机构转型，提升自己的绿色服务能力。

第二节　打通路径：走向绿色金融

想要快速向绿色金融转型，金融机构可以从三个方面入手进行努力：一是适当加大绿色信贷投放力度；二是以政策为导向，盘活碳配额；三是明确绿色金融定位，加速转型。

一、银行响应，发展绿色信贷

随着绿色金融政策稳步推进，很多金融机构纷纷响应，加快向绿色金融转型的步伐，加大绿色信贷投放力度，积极发展绿色信贷。

2022年10月，不少银行相继披露了前三季度的绿色信贷情况。从整体来看，前三季度各银行纷纷加大了绿色信贷的投放力度，显示出高速增长的态势。高速增长的绿色信贷规模、稳步发展的绿色金融推进碳中和目标的进程。

工商银行积极进行信贷布局，将目标瞄向以新制造、新服务、高技术客群为重点的公司，绿色贷款余额、增量都排在市场第一位，其中，和2022年初相比，绿色贷款增长了约9 500亿元，增幅达34%。

截至2022年9月，中国进出口银行绿色信贷余额突破4 200亿元，和年初相比，新增 780 亿元，增幅达 22.81%。工商银行瞄准清洁能源、绿色制造等领域，不断加大资金投入，为一大批水电、光伏、智能电网项目提供了资金支持，帮助企业进行生产线绿色低碳改造，支持获得节能低碳认证的绿色产品进出口。

此外，和 2022 年初相比，中国银行绿色信贷增长幅度约为 36%；建设银行绿色贷款约为 2.6 万亿元，与 2021 年末相比增长了 6 300 亿元，增幅达 32%；交通银行绿色信贷余额突破 6 000 亿元，与 2021 年末相比增幅超 25%。这些都表明了绿色信贷发展迅速。

高增长的绿色信贷规模是绿色金融快速发展的具体表现，同时也为绿色低碳相关项目的发展提供了有力的资金支持。同时，绿色信贷作为一种高效的金融工具，将助推碳中和目标的实现。

二、企业参与碳配额交易

在全球积极推行低碳经济的背景下，我国各个地区也紧跟政策导向，将实现碳中和作为重要的工作之一。城市建设投资公司（以下简称"城投公司"）积极践行低碳减排理念，在实现碳中和目标的同时，从自身出发，积极提升自身在低碳领域的核心竞争力。

例如，某个城投公司根据相关政策，向银行申请了一笔碳排放权质押贷款，该城投公司身处清洁能源发电行业，由于流动资金出现问题，不得不利用碳排放权进行贷款。在业内，这种贷款模式被称为"碳权贷"，可以帮助企业通过碳排放权盘活资产。该城投公司的负责人声称，其在投资新能源领域的过程中，只关注业务能否带来收益，没有考虑业务的附加值，而了解相关政策后，才明白从事新能源业务可以在碳排放权交易市场中进行减排凭证交易，获得更多收益。

"碳权贷"与其他贷款存在一定的区别，碳排放权交易价格会随市场变化而波动。企业进行碳资产质押时，可以根据相关政策申请贷款价格优惠、优先审批等福利，但是企业需要到人民银行征信中心统一登记公示系统办理质押登记和公示。

如今，闲置碳排放权交易成为城投公司实现绿色转型的有效方法，各地的城投公司都通过这种方法积极参与"碳经济"。

企业通过质押闲置碳排放权获得贷款有两个好处：一方面，企业可以获得政策扶持；另一方面，可以使企业的闲置资产流动起来，有利于企业进行转型和融资。

拥有碳排放权的企业仍是少数，其他企业可以通过以下方法申请碳排放权：企业可以通过相关文件深入了解申请规则，然后登记注册、开户。碳排放权交易市场主要有两类交易指标，分别是碳排放额度和自愿减排量。碳排放额度由政府免费分配给企业，企业可以自由买卖剩余额度。自愿减排量也称作减排凭证，可以用于抵消部分碳排放，也可以用于交易。

企业除了可以通过交易碳排放权盘活资产，还可以将碳排放权作为信用生态产品。例如，重庆某企业运营的"碳惠通"平台可以"以碳代偿"。在生态环保公益诉讼案中，被告可以通过"碳惠通"项目购买减排量，对被破坏的生态环境进行修复。

城投公司具有很大的资源优势，可以在相关政策的指导下，积极进行绿色转型，玩转"碳经济"。例如，贵州某县城遵循"保护生态环境，实现乡村振兴"的原则，进行林业碳汇项目开发，预计获得1亿元的项目收益；青岛则进行了长达10年的氢能产业发展规划，计划用10年的时间完善氢能产业链，打造国际知名的氢能城市。

总之，企业在合理规划的基础上，紧跟政策导向，有利于实现产业突破，获得迅速发展。

三、金融机构推进自身转型

绿色金融是绿色发展的保障，对经济社会发展、绿色转型、达成碳中和目标都有推动作用，因此，为了强化绿色金融的推动作用，我国需要助力金融机构向着绿色金融机构转型。而在这一过程中，金融机构需要明确绿色金融的战略定位，并根据新定位开展转型工作。

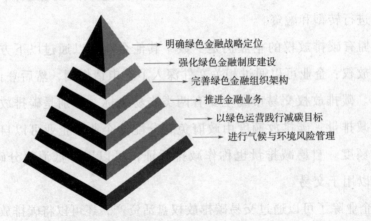

金融机构转型的六个步骤

1. 明确绿色金融战略定位

随着绿色低碳理念的深入，越来越多的金融机构将绿色金融融入企业战略。中国工商银行、中国农业银行、中国银行、中国建设银行四大银行都瞄准绿色金融战略，积极向绿色金融领域进军。2020 年，四大银行的绿色金融战略再次升级，四大银行积极参与全球绿色治理，提高自身在国际上的影响力。同时，不少城商银行、农商银行也积极把握绿色金融发展机遇，借鉴四大银行的经验，制定绿色金融发展战略，向着绿色银行、低碳银行的方向前进。

2. 强化绿色金融制度建设

明确定位后，金融机构接下来要做的就是强化绿色金融制度建设，为金融业务提供依据。当前，绿色信贷是绿色金融的关键业务，健全绿色信贷管理体系是金融机构布局的关键。不少城商银行、农商银行都根据自身的竞争优势，制定了专业化的绿色金融制度，例如，兴业银行发布了《绿色租赁行业标准目录》，华夏银行推出了《华夏理财有限责任公司 ESG 业务管理办法（试行）》等。众银行将绿色金融战略融入优势业务，以制度打造独特的绿色金融服务。

3. 完善绿色金融组织架构

在绿色金融组织架构方面，许多金融机构都将绿色金融战略融入企业治理中。许多银行在董事会下成立了可持续发展委员会、绿色银行建设领导小组等，并成立了绿色金融部门，其中，华夏银行在这方面的布局较为完善，搭建了"总行—分行—网点"的绿色金融管理架构，实现了管理流程与业务流程的联动。

4. 推进金融业务

在搭建好绿色金融组织架构后，金融机构还需要布局绿色金融产品和服务，打造多元化的绿色金融产品体系。当前，银行推出的绿色金融产品有绿色信贷、绿色债券、绿色基金、碳金融产品等。不少银行都在原有绿色金融产品的基础上不断拓展产品布局，打造多元化的产品矩阵。

5. 以绿色运营践行减碳目标

金融机构自身的低碳化运营也是实现碳中和目标的关键一环。不少金融机构都通过改造绿色网点、无纸化办公、供应商绿色准入等手段进行低碳化运营的相关实践。例如，为了实现无纸化办公，工商银行通过移动办公平台处理业务，大幅减少了纸张的使用。同时，工商银行通过建设数据中心，大幅减少了综合能耗，有效实现了二氧化碳的减排。

农业银行打造了移动化、无纸化的新型办公模式，用电量大幅减少，能耗也得以降低。中国银行搭建了能源台账，有效节约了电耗，同时其搭建的绿色节能机房大幅降低综合能耗。

6. 进行气候与环境风险管理

气候与环境风险是金融机构进行绿色转型需要关注的重点问题。气候变化引发的物理风险、碳减排带来的转型风险等都会影响金融机构的经营绩效。一些上市银行已经在环境风险管理方面进行了探索，为其他银行提供了经验。例如，工商银行曾基于环保政策变化对火电、水泥行业进行了环境压力测试；基于碳价、减排技术应用等对火电行业进行了压力测试。

第三节　绿色金融产品大盘点

绿色金融产品指的是针对环保低碳、节能等领域项目的融资，以及为一些绿色、低碳项目提供的金融服务。常见的绿色金融产品包括绿色债券、绿色信贷、绿色股权等，这些绿色金融产品各有用处，共同推进绿色金融发展。

一、绿色债券：逐渐成为市场主流

绿色债券指的是支持清洁能源、新能源汽车等绿色产业的债券。受"双碳"目标的影响，许多高耗能、高污染的产业受到了限制，绿色、环保、可持续的项目受到了企业的青睐，绿色债券逐渐成为债券市场的主流。

例如，2021 年 5 月 6 日，恒丰银行成功发行了由其独立承销的中国节能环保集团 2021 年度第一期绿色中期票据，这也是国内首笔融合了乡村振兴和碳中和的双贴标绿色债券，本期债券发行期限为 3 年，金额为 10 亿元，募集资金用于乡村振兴和碳减排等绿色项目，如内蒙古节能风电项目、青岛市即墨区旧村改造片区污水源热泵项目、新疆哈密风电基地建设项目。

以上项目运营后，污水热能、清洁能源风能将代替传统化石能源，从而减少二氧化碳、氮氧化物、二氧化硫等污染物的排放，对于调整我国能源结构和区域经济协调发展具有重要意义。

绿色债券要想"点绿成金"，离不开多方合力。各大企业应不断推动绿色债券的发展，搭建绿色票据再贴现的高效"直通车"，推动企业绿色项目与银行绿色业务的充分对接，不断扩大绿色债券的发行范围。同时，各大银行应完善货币政策工具激励机制，引导金融机构完善关于碳排放权、用能权、排污权、用水权等各类融资工具，不断拓展绿色融资渠道，助推绿色经济的发展。

此外，相关部门应及时完善绿色债券发展的激励政策，加大税收优惠、信用担保和风险补偿等方面的力度，也可以根据绿色债券所支持绿色项目的减排效果给金融机构设定专项奖励。

为推进碳中和目标加快实现，加码绿色债券已经成为债券发行大势，相关部门应助推各大企业绿色项目建设和绿色产品设计，鼓励银行和企业发展绿色债券业务。企业应借助国家的政策支持，加强与银行的业务联动，使绿色债券能够"点绿成金"，带来丰厚回报。

二、绿色信贷：各大银行积极布局

在各方的推动下，绿色金融蓬勃发展，市场规模不断扩大，绿色金融产品展现出巨大的潜力。与其他金融产品相比，绿色信贷是我国绿色金融体系中起步最早、发展最快、政策最为成熟的金融产品。我国通过出台多种绿色信贷发展政策，鼓励商业银行推动绿色信贷产品的发展，推动绿色信贷规模的扩大和多元化发展。

绿色信贷产品对于环境保护、节能减排具有重要意义，其作为经济手段已经全面进入我国绿色环保、低碳减排的主战场。银行作为绿色信贷的主力军，能够推动我国绿色信贷不断发展。

2022年10月16日，各大国有银行发布前三季度融资投放公告。根据工商银行发布的公告，工商银行基于金融产品的绿色发展，优化了以新基础、新制造、新服务为重点的企业的信贷布局，绿色信贷额较年初增长约9 500亿元，增幅约34%，增量在金融产品市场中排名首位。

根据建设银行发布的公告，建设银行前三季度的绿色信贷接近2.6万亿元，较2021年末增长约6 300亿元，增幅约32%；据交通银行发布的公告，交通银行前三季度的绿色信贷已超6 000亿元，相较于2021年末，增幅约25%。综合来看，各大银行的绿色信贷规模保持高速增长的态势，我国绿色信贷的总体规模已达到了较高的级别。

我国陆续出台绿色金融政策，鼓励金融机构大力发展绿色信贷，经过多年的发展和探索，我国绿色信贷体系趋于完善。随着碳中和目标的不断推进，绿色信贷的规模将进一步扩大。

三、绿色股权：创新投资范式

绿色股权投资作为一种投资新范式而受到了广泛的关注。绿色股权投资主要聚焦低碳转型、节能减排等环境保护项目，是绿色金融体系不可或缺的一环。绿色股权投资的评估方法更加客观、透明，可以满足专注于气候变化机遇与风险的股权投资者的特殊需求。此外，在资本增值与环境可持续方面，绿色股权投资具有十分重要的作用。

2020年，瑞典发布了绿色金融领域的创新产品——绿色股权投资，这是全球首笔绿色股权投资。2021年，纳斯达克北欧证券交易所发布"绿股贴标"计划，有8家公司成功获得了绿股标签；同年，菲律宾不动产投资信托公司REIT（Real Estate Investment Trust，不动产投资信托基金）也获得了绿股认证，并于2022年2月在菲律宾证券交易所成功上市，成为亚洲首笔绿股IPO（initial public offering，首次公开募股）。纳斯达克的绿股标签旨在识别50%的收入和投资来源于绿色活动的公司。

引进、推广绿色股权投资的融资形式和评估标准，既能够为我国企业实现碳中和提供一种灵活性更高、期限更长、成本更低的融资工具，也能够给专注于气候风险治理的ESG投资者提供一种可信度更高、回报更可观的绿色金融资产。在绿股发行的过程中，金融机构可以扮演融资中介与信息中介的角色，为企业提供融资服务与信息服务，帮助企业尽快实现绿色、低碳转型。

在碳中和的大背景下，绿色股权投资受到广大投资者的欢迎。就目前低碳转型投资经济的发展形势来看，我国在全球绿色金融发展领域居于相对领先的位置，在未来的30年里，我国对绿色股权投资的需求或将达到百亿元。

第十二章

绿色建筑：低碳时代的科学建造方式

建筑不仅起到为人们遮风挡雨的作用，还要与周围环境相融合，构成一个和谐、有机的系统。在碳中和目标的指引下，我国应该积极发展绿色建筑，促进能源节约，加快发展循环经济，实现绿色低碳可持续发展。

第一节　绿色建筑加速发展成为趋势

绿色建筑在为人们提供舒适、健康的居住环境的同时，还可以实现资源节约和环境保护，实现人与自然和谐共处。我国的绿色建筑虽然起步较晚，但发展速度很快。在规范与提升建筑节能标准、加强建筑材料环保监管等方面，我国已经取得一些成就，为绿色建筑的发展按下了"快进键"。

一、建筑行业碳排放亟待改善

全球变暖主要由过量的二氧化碳排放导致，而建筑行业的碳排放量较大，对环境造成了巨大的影响，使得全球气候危机加剧。北京绿色金融与可持续发展研究院发布的《迈向 2060 碳中和——聚焦脱碳之路上的机遇和挑战》中指出，我国最晚实现碳中和的主要部分很有可能是建筑部门，建筑部门是碳排放量最高的终端消费来源。可见，建筑脱碳将成为推动碳中和发展的关键举措。

1. 建筑全生命周期

从组成部分来看，建筑全生命周期主要包括四个部分，每个部分都产生不同的碳排放。

- 建材生产过程中由于原料的使用或分解和能源的消耗而排放的二氧化碳
- 建筑物建造时因机械运行、各种施工工作耗能而排放的二氧化碳
- 建筑自身采暖、制冷、照明、运维过程中因耗能而排放的二氧化碳
- 建筑物在被拆除、填土碾压平整、废弃垃圾再次利用等过程中耗能而排放的二氧化碳

| 阶段1 建筑材料 生产、运输 | 阶段2 建筑施工 | 阶段3 建筑运营 | 阶段4 建筑拆除 |

- 原材料生成
- 原材料运输

- 建造、安装
- 机械的使用

- 功能运营与实时监控
- 设备维修与替换
- 能源消耗
- 建筑维护

- 拆除工作中机械的使用
- 废料运输
- 废物处理与再利用

建筑全生命周期不同阶段的碳排放

通过上图可知，建筑材料生产、运输阶段，建筑施工阶段，建筑运营阶段，建筑拆除阶段等不同阶段，都排放大量的二氧化碳。

2. 实现建筑碳中和的举措

要想减少建筑行业的碳排放，实现建筑碳中和，建筑企业可以采取以下五个举措：

（1）源头减量。在建筑施工阶段通过低碳技术从源头降低商业建筑整体碳排放，具体表现在低碳规划设计，应用高性能、低碳的建材。

（2）回收利用。对建筑全生命周期内所产生的垃圾（建材生产垃圾、建筑垃圾、厨余垃圾、回收垃圾）进行分拣回收，生产再生骨料进行二次利用。

（3）能源替代。以光伏、风能、地热能、氢能代替传统能源，从源头上减少建筑运行过程中耗能所产生的二氧化碳。

（4）节能提效。运用人工智能、物联网、5G等技术赋能传统楼宇自控系统，应用新型智慧楼宇运营管理平台实现通信、办公、楼宇运营自动化，在建筑运行阶段实现节能提效。

（5）负碳技术。建材生产阶段实现碳中和难度极大，负碳技术成为"兜底"技术。当前，负碳技术成本较高，随着成本逐步降低，它将为商业建筑实现碳中和作出贡献。

3. 建筑企业布局碳中和

碳中和为建筑企业的发展带来了新机遇，众多建筑企业纷纷布局碳中和，其中的驱动因素主要有以下几个：

（1）提升品牌价值。据统计，获得绿色建筑认证的写字楼的租金通常要高于同等条件下传统写字楼的租金。无论从节能环保的角度还是空间舒适感的角度来说，前者在吸引优质租户上都更具优势。同时，优质的租户以及租金的绿色溢价，都给物业的资本价值及投资回报带来积极影响。

（2）助力企业获得融资。为了推动经济的绿色转型，我国在金融领域推出一系列政策，为绿色产业和绿色项目的融资提供支持。绿色建筑行业具有较大的融资需求，房企在打造绿色地产项目时，可以以发行绿债作为开拓低成本融资的重要渠道，其方式主要包括以下两种。

①发行绿债。根据中央结算公司的统计，国内市场上贴标绿色债券的超额认购率高于普通债券，这表明贴标绿色债券市场需求很大。如果想要发行绿债，建筑公司需要符合发行绿债的"绿色标准"：符合《绿色建筑评价标准》二星、三星标准，获得国外权威绿色建筑评价体系国际 LEED（leadership in energy and environmental design，能源与环境设计先锋）金级标准标识的建筑公司均可申请，申请过程中即可申报绿色债券。

②"碳中和"债券。碳中和债券是近两年推出的绿债品种，相较于绿色债券，其资金用途范围较小，不仅需要符合《绿色债券支持项目目录》，而且必须能够产生碳减排效益。根据交易商协会的规定，碳中和

债券募集的资金的用途主要包括以下4种：光伏、风电及水电等清洁能源类项目；电气化轨道交通等清洁交通类项目；绿色建筑等可持续建筑类项目；电气化改造等工业低碳改造类项目。

（3）节省建筑运营成本。降低楼宇的能源消耗，提高能效和循环利用能源，可以在减少碳足迹的同时，降低建筑的运营成本。根据世界绿色建筑委员会的报告，建筑节能减排的关键成果之一就是降低运营成本，特别是能源成本和总生命周期成本。绿色楼宇改造项目可以节约13%的运营成本，而新建绿色建筑可以节约15%的运营成本。

在建筑企业布局碳中和的过程中，奕碳科技能够为建筑企业提供数字化、智能化、全方位的解决方案。在建筑全生命周期不同阶段，奕碳科技能够为建筑企业提供以下服务：

① SaaS（software as a service，软件即服务）化碳管理软件"碳探"能够为建筑企业提供全方位的碳数据专业精算服务和建筑碳数据数字化常态管理服务。

②帮助建筑企业智能搜索节能减排的项目，寻找最合适的减排路径，助力建筑企业早日实现碳中和。

③帮助建筑企业一键进入碳市场，买卖碳配额，高效对接碳资源。

④连接上下游碳数据，打造建筑行业碳中和产业链和生态链的竞争优势。

此外，奕碳科技还能够赋能建筑企业的绿建认证、信息披露等。例如，帮助园区和建筑做第三方认证，发布碳报告，提升企业品牌影响力；申请和交易绿电、绿证，对接供需，盘活巨额闲置资产等。

二、规范节能标准，降低碳排放

建筑节能指的是在保证建筑实用性的前提下，以科学合理的手段节约资源和降低能耗。在全球能源紧缺的背景下，建筑行业作为能源消耗较高的行业，受到了各方的重视。

在建筑物设计阶段，设计单位应根据国家节能法规及民用建筑节能设计标准，采用绿色的节能产品和成熟的节能技术进行建筑物的设计开发。施工单位应根据建筑节能设计标准进行施工。在审查建筑工程时，施工审查机构应该将节能作为必要的审查内容，如果建筑违反节能设计标准，施工审查机构要责令施工单位整改。

此外，在墙体建筑方面，建筑企业不应采用实心黏土砖等黏土用材，应使用新型的环保墙体材料。在改善外围护结构的保温性能时，建筑企业应避免使用热桥。在改善门窗设计时，建筑企业应控制门窗面积，并采用节能材料和技术加强门窗的密封性，从而减少室内热量的损失。例如，中空玻璃不仅拥有优美的外观，还具备良好的隔热功能，是节能门窗用材的不二选择。

建筑企业在进行室内建造时，应该以人、建筑与自然环境三者的协调发展为目标，在利用天然条件的同时融入节能技术，为居民创造健康、舒适的居住环境，减少对自然环境的破坏。例如，建筑企业可以充分利用太阳能搭建室内供热管道，减少暖气和空调的使用。在建造材料的选择上，建筑企业需要更多地考虑资源的合理配置，使建筑回归自然，而且建筑的外部设计要尽可能与周边环境和谐相融。

要想促进建筑行业节能减排加快实施，建筑部门要秉承零碳能源的理念，从单纯地用能转换为用能、产能、蓄能三位一体的绿色能源格局，为未来绿色建筑的构建奠定能源转型基础。

三、加强监管，使建筑企业合理配置资源

在建筑行业中，建筑材料的环保监管十分重要。如果对建筑材料的监管不当，可能会造成工业废料和污染气体、液体随意丢弃、排放，不

仅会造成能源浪费，还会造成环境污染。为了保护环境，相关部门应该加强对建筑材料的环保监管，制定严格的规章制度并执行，使建筑企业能够更加合理地配置资源。

建筑材料的环保性在一定程度上影响建筑物的稳定性和安全性，不仅如此，有毒有害建筑材料还会严重危害环境和人体健康，因此，建筑企业在采购环节需要对建筑材料严格把关，提高绿色建筑材料的采购比重。管理部门还需要加大对建筑材料使用的监管力度，并督促建筑企业做好建筑材料的防腐、防潮工作，防止因管理不当导致建材性能下降。此外，管理部门还应加强对建筑材料的验收及检测工作，将无法通过环保检验的建筑材料及时清除，并严禁在后续施工过程中使用此类材料。

建筑行业应充分发挥第三方质检机构的监管作用。一般来说，第三方质检机构是工程质量检验的最后一道关口，但目前，我国建筑材料质检行业的准入门槛相对较低，并且各机构之间容易产生恶性竞争，导致检测费用不足以支持检测流程的专业化，建筑材料的抽检质量下降，因此，建筑行业应选择具有权威性的第三方质检机构，提高建筑材料检测的专业度和准确性。

加强建筑材料环保监管有利于推动循环经济的发展，加快建设资源节约型、环境友好型社会。建筑材料的环保监管应引起建筑行业的关注和重视。

第二节　碳中和背景下的建筑发展新要求

在全球范围内，碳中和是一种不可逆转的发展趋势。在碳中和时代，建筑企业可以从三个方面入手发展绿色建筑：一是从源头降低建筑能耗；

二是鼓励企业使用装配化建筑方式；三是推广超低能耗被动式建筑。

一、多环节改善，节能降耗

在建造建筑的过程中，施工设计不合理、设备老化、维修保养不及时等，都会造成过量的温室气体排放，给环境带来不良的影响。为了推动绿色建筑的发展，促进建筑的节能减排，建筑企业应注意四个方面，从源头降低建筑能耗。

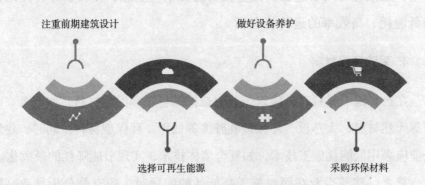

注重前期建筑设计　　　　　做好设备养护

选择可再生能源　　　　　采购环保材料

从源头上降低建筑能耗的四个办法

1. 注重前期建筑设计

建筑企业应将环保、可持续理念融入建筑设计，将建造绿色建筑作为主要目标。在建筑设计初期，建筑企业应加强对现场施工环境的勘察，合理安排施工顺序，将资源配置与实际施工环境相结合，充分考量节约资源与保护环境，为降低建筑能耗打好基础。

2. 选择可再生能源

为了从源头降低建筑能耗，建筑企业应加强可再生能源的利用。目前应用较广泛的可再生能源有风能、太阳能、潮汐能等。例如，我国大多数城市已经开始利用太阳能和风能发电，这极大地降低了我国对传统煤炭发电方式的依赖程度。在科技的推动下，可再生能源的应用范围将会越来越广泛，建筑行业应使用节能、绿色的建筑施工技术，减少不可再生能源的使用。

3. 做好设备养护

建筑企业应定期对施工机械、设备进行检修，若发现设备功率低、能耗高，应及时维修或更换。例如，建筑企业可以成立机械设备维护工作组，定期进行设备巡检，排查设备能源消耗隐患，使设备尽可能地保持低能耗、高效率的运转状态。

4. 采购环保材料

在选择施工材料时，建筑企业应选择绿色、环保的材料，如石膏、砂石等天然材料，大芯板、环保型乳胶漆等低毒、环保型材料。同时，建筑企业应采用低能耗施工技术，如复合墙体技术，实现节能降耗的最大化。

总之，建筑企业在面对施工高能耗的问题时，应充分分析导致高能耗的原因，积极寻找解决方法，优化施工技术，从源头减少能源的损耗，促进环境可持续发展。

二、装配化新方式，提升资源利用率

装配化建筑指的是建筑企业将许多需要现场制作的建筑配件在工厂制作完成后运输到建筑施工现场，进行现场装配。随着碳中和目标的推进，传统建筑方式已经无法满足当下的社会发展需求，而装配化建筑方式是实现可持续发展和绿色发展的重要途径。

在结构系统上，装配化建筑方式使用了预制混凝土墙板技术、装配式楼承板技术、钢筋连接技术等；在外围护系统上，装配化建筑方式使用了装配式屋面技术、幕墙技术、组装框架外墙技术等；在生产建造技术上，装配化建筑方式使用了智能化生产技术、BIM（building information modeling，建筑信息模型）技术和可追溯性质量管理技术等；在设备与管线系统中，装配化建筑方式使用了管线集成技术、供暖通风技术和电气智能化技术等；在内装系统中，装配化建筑方式使用了集成卫浴系统、集成厨房系统和收纳系统等。

这些系统和技术的运用大幅降低了建筑能源和资源的消耗，提升了建筑施工效率，同时也对建筑起到了很好的支撑和保护作用，减少了施工企业在资源使用和后期维护上付出的成本。

装配化建筑方式不仅能提高建筑结构的稳定性，还极大地提升了资源的利用效率。例如，某工程项目中的楼房改造在地上 2 层到 29 层的结构中运用了混凝土叠合板的结构形式，这种结构形式具备现浇混凝土结构与预制结构的双重优点，具有非常稳固的支撑力，能够有效抗震。同时，建筑企业在该楼房的内部隔墙结构中应用了厚度为 100 毫米的蒸压加气混凝土隔墙板，装配率达到 82%。建筑企业在管道设计上还采用了排气管道成品，装配率达到 100%。

装配化建筑方式具有安全耐用、健康环保等优势，符合绿色建筑的发展理念。为推动建筑工程高质量发展，建筑企业应加强建筑施工的科技创新能力，将装配化建筑方式作为实现企业可持续发展的重要策略，助力绿色建筑的发展。

三、被动式超低能耗建筑，更具适应性

被动式超低能耗建筑是实现住房从满足人们遮风避雨的需求向高品

质健康住房转变的有效路径。被动式超低能耗建筑是目前世界上最先进的节能建筑之一，能够改善人们生活环境、推动碳中和，是培育新的经济增长点、促进产业转型的重要载体。

被动式超低能耗建筑搭载具有密封和集成保温作用的环境一体机系统，在节能减排方面超越了传统的烧煤供暖的采暖方式。被动式超低能耗建筑在营造"恒温、恒湿、恒洁、恒氧、恒静"舒适健康环境的同时，还能够释放负氧离子，有效去除甲醛，使建筑成为宜居的"天然氧吧"，满足人们对舒适、健康居住环境的要求。

同时，被动式超低能耗建筑的普及能够推动节能门窗、智能遮阳、密封材料等产业的发展，以及施工管理、质量监管、规划设计等行业的升级，具有极高的推广价值。以下是发展被动式超低能耗建筑的三个要点：

1. 科学推动产业发展

建筑行业应努力加厚产业深度，建立良好的产业生态；不断加强被动式超低能耗建筑技术研发，努力突破核心技术瓶颈；加强被动式超低能耗建筑产业从业人员的教育培训，为被动式超低能耗建筑的发展储备技术人才。

2. 实行专项补贴奖励机制

在新农村建设和城镇化改造中，相关部门可以考虑通过专项补贴的形式鼓励建筑企业采用被动式超低能耗建筑技术，更好地助力乡村振兴和城镇化发展。

3. 加强市场监管

建筑企业应采用系统集成技术开展被动式超低能耗建筑的设计、施工与维护工作，杜绝粗制滥造，提升建筑品质。建筑企业应加强施工监管与材料检测，开展评价认证，确保依标必严、违标必究，严格把控建筑品质。

被动式超低能耗建筑作为目前较为先进的节能建筑，能够极大地降低能源损耗，对实现碳中和的目标具有重要意义。

第三节　多方入局，助推绿色建筑发展

房地产的不断发展，使得建筑数量与施工面积逐步增长，给资源与环境带来极大的压力。为了减轻环境压力，实现节能环保，各方积极发力，共同推动绿色建筑的发展。

一、保利集团：坚守绿色发展理念

保利集团是我国知名的房地产公司，专注于房地产开发、城市运营与管理、产品经营服务等业务。保利集团在发展过程中，一直秉持绿色发展的发展理念，并致力于推动建筑行业的可持续发展。保利的绿色发展理念主要体现在以下三个方面：

1. 绿色建筑

保利集团倡导绿色建筑，其将绿色建筑理念融于建筑设计、制造多个环节，力求为客户提供更加健康的生活空间。从选址、设计、材料选择、施工再到后期的运营，保利集团都聚焦绿色环保优化方案，以实现节能减排。

在选址环节，保利集团挑选环境优美、交通便利、周边资源完善的地址；在设计环节，保利集团将绿色建筑理念融于产品规划、设计、施工图设计等环节，力求建筑与环境的和谐；在材料选择环节，保利集团优先使用低能耗、高度环保的材料，降低建筑对环境的影响。同时，保利集团也十分关注材料的耐久性，以提高建筑使用寿命，减少资源浪费。

在施工环节，保利集团依据绿色建筑施工标准，力求施工环节的环保和节能，并通过多种方法提高建筑整体的能源利用率。同时，保利集团积极进行技术创新、工艺改进等，降低施工中的环境污染。在运营环节，保利集团推出了多样化的节能减排、环保回收等方案，降低建筑的运营能耗。

2. 绿色物业

保利集团在绿色物业方面也做出了积极的努力，聚焦打造舒适、环保的生活方式，为客户提供舒适的生活环境。

在环境规划方面，保利集团根据项目的地理、气候等因素进行环境规划，打造与环境相协调的绿色生活方式。保利集团也十分重视绿化景观的设计，以提高客户的居住体验。在节能减排方面，保利集团积极参与各种节能减排活动，优化建筑结构和资源配置，减少建筑对环境的污染。

3. 绿色发展

未来，保利集团将持续秉持绿色发展理念，探索多样化的绿色发展模式，推进绿色发展的目标。同时，保利集团还将加强与各企业的合作，关注上下游企业的低碳变革，与各方共同推动建筑行业的绿色发展。

二、上海建工：打造上海零能耗建筑

2023 年初，由上海建工投资、设计、建造、运维的绿色科技示范楼顺利建成。这一建筑被中国建筑节能协会评为零能耗建筑，成为上海普陀区的新地标。

这栋建筑存在许多创新之处，例如，可以自己发电，除了实现自给自足外，还有多余的电力能够提供给其他用电场景；拥有独立的水循环网络；采用绿色建材搭建而成等。这些节能智慧让其成为典型的零能耗建筑。

除了可自主发电外，这栋建筑还可以智能节电。例如，在地下车库安装导光管，在白天引入自然光照明，减少能耗；通过地源热泵系统减少大楼的用电量；安装健身发电设备，让人们在运动的同时参与动力发电。

当前，这栋建筑经过两年多的建设顺利竣工，而后期的运维决定了这栋建筑的寿命长短，为此，上海建工为其打造了一个智慧运维平台，基于数字孪生、大数据、人工智能等技术，对建筑的机电系统进行智能诊断、可视化运维等，减少运维过程中的碳排放，这实现了对这栋建筑"绿色基因"的动态管理；同时，这一平台还收集、分析各种系统运行数据，持续优化运维方案，实现绿色建筑技术的不断迭代。

未来，随着这栋绿色建筑的持续运营，其运营成本将会降低，实现生态与经济方面的双重效益。

参考文献

［1］ 袁志刚. 碳达峰碳中和：国家战略行动路线图 [M]. 北京：中国经济出版社，2021.

［2］ 汪军. 碳中和时代 [M]. 北京：电子工业出版社，2021.

［3］ 陈迎，巢清尘. 碳达峰、碳中和 100 问 [M]. 北京：人民日报出版社，2021.

［4］ 庄贵阳，周宏春. 碳达峰、碳中和的中国之道 [M]. 北京：中国财政经济出版社，2021.

［5］ 鲁政委，钱立华，方琦. 碳中和与绿色金融创新 [M]. 北京：中信出版社，2022.